河南科技大学教材出版基金资助出版

РУССКИЙ ЯЗЫК ДЛЯ НАУКИ И ТЕХНИКИ
科技俄语

主　编　魏　薇
副主编　马淑艳　庞文杰
主　审　[俄] Е. В. Капелюшник
　　　　[白俄] Т. В. Игнатович

哈尔滨工业大学出版社
HARBIN INSTITUTE OF TECHNOLOGY PRESS

内容简介

本书为"科技俄语"课程教材,共包含四部分:数学篇、计算机篇、物理篇和化学篇。本书以数学、计算机网络、物理、化学四门学科的俄语基础知识为基点,结合相关知识领域的内容及形式多样的习题,融入词汇、语法、修辞等俄语科学语言知识,内容丰富,由浅入深,结构合理,实用性强。课文选材、习题设计从学生的实际知识需求和接受度出发,旨在激发学生的学习兴趣,从而培养学生用俄语思维去理解专业技术知识,提高学生使用俄语学习专业技术的能力,为学习专业课奠定良好基础。

本书适用于高等院校中俄合作办学理工科专业具有一定俄语基础的本科生和研究生,以及具有一定俄语基础的科技翻译爱好者。

图书在版编目(CIP)数据

科技俄语/魏薇主编. —哈尔滨:哈尔滨工业大学出版社,2022.8

ISBN 978-7-5767-0045-9

Ⅰ.①科… Ⅱ.①魏… Ⅲ.①科学技术-俄语-教材 Ⅳ.①G301

中国版本图书馆 CIP 数据核字(2022)第 107375 号

策划编辑　王桂芝
责任编辑　陈雪巍　王　雪
出版发行　哈尔滨工业大学出版社
社　　址　哈尔滨市南岗区复华四道街10号　邮编150006
传　　真　0451-86414749
网　　址　http://hitpress.hit.edu.cn
印　　刷　哈尔滨市颉升高印刷有限公司
开　　本　787 mm×1 092 mm　1/16　印张 17　字数 429 千字
版　　次　2022 年 8 月第 1 版　2022 年 8 月第 1 次印刷
书　　号　ISBN 978-7-5767-0045-9
定　　价　68.00 元

(如因印装质量问题影响阅读,我社负责调换)

前　言

党的十八大以来，中国推动新一轮高水平对外开放，推动形成全面开放新格局，大学俄语教学得到前所未有的发展和重视。伴随"一带一路"教育行动的实施，中国与"一带一路"沿线国家和地区的教育合作越来越密切。截至 2022 年 6 月，我国与俄罗斯、乌克兰、白俄罗斯三国的合作办学高校就达到 90 家，办学形式主要有：独立法人机构 1 家，非独立法人机构 25 家，合作办学项目 110 个。2019 年 6 月，新时代中俄全面战略协作伙伴关系的开启，进一步推动了中俄教育的深入合作。学习、掌握和运用俄语，是加强语言沟通交流、实现全方位互联互通的基础，也是推动"一带一路"教育行动走深走实的重要保障。

中俄合作办学亟需高水平的俄语教材以利于培养学生的俄语语言综合运用能力，尤其是利用俄语学习专业技术的能力。目前，国内相关科技俄语语言方面的教科书比较匮乏，现有教材与俄方授课内容匹配度不高。"科技俄语"课程作为河南科技大学与俄罗斯托木斯克理工大学合作办学项目的俄方引进课程，在河南科技大学已开课 3 年。为了进一步提高教学质量，改善教学效果，满足中俄合作教学的需求，我校俄语教学团队在与托木斯克理工大学进行教学合作的基础上编写了本教材，是中俄双方合作办学的教学成果。

本教材共包含四部分：数学篇、计算机篇、物理篇和化学篇。适用对象为高等院校中俄合作办学理工科专业本科生和研究生，以及具有一定俄语基础的科技翻译爱好者。教材以数学、计算机、物理、化学四门学科的俄语基础知识为基点，结合相关知识领域的内容及形式多样的习题，融入词汇、语法、修辞等俄语科学语言知识，内容丰富，由浅入深，结构合理，实用性强。课文选材、习题设计从学生的实际知识需求和接受度出发，旨在激发学生的学习兴趣，从而培养学生用俄语思维去理解专业技术知识，提高学生使用俄语学习专业技术的能力，为学习俄语专业课奠定良好基础。

在本教材的编写过程中我校外籍教师 Т. В. Игнатович 副教授给予了大力支持，审阅了大部分章节。俄罗斯托木斯克理工大学 Е. В. Капелюшник 副教授为本教材提供了部分素材并审阅全书。两位外籍专家为本教材俄语语言的规范性提供了保障，在此感谢他们的付出！同时，本教材得到了河南科技大学国际教育学院和教务处的大力支持，在此一并表示感谢！

由于编者水平有限，教材中难免有不足和纰漏之处，敬请读者批评指正！

编　者
2022 年 5 月

Оглавление
目　　录

Введение ······	1
绪论 ······	1
Раздел 1　Язык математики ······	**7**
第 1 章　数学篇 ······	**7**
Урок 1　Натуральные числа	7
第 1 课　自然数 ······	7
Урок 2　Арифметические действия	14
第 2 课　四则运算 ······	14
Урок 3　Неравенство	21
第 3 课　不等式 ······	21
Урок 4　Дроби	24
第 4 课　分数 ······	24
Урок 5　Возведение в степень	36
第 5 课　乘方 ······	36
Урок 6　Извлечение корня	40
第 6 课　方根 ······	40
Раздел 2　Язык информатики ······	**43**
第 2 章　计算机篇 ······	**43**
Урок 1　Устройства компьютера	43
第 1 课　计算机设备 ······	43
Урок 2　Операционная система	52
第 2 课　操作系统 ······	52
Урок 3　Интернет	59
第 3 课　互联网 ······	59
Урок 4　Онлайн обучение	67
第 4 课　线上教学 ······	67
Раздел 3　Язык физики ······	**77**
第 3 章　物理篇 ······	**77**
Урок 1　Физические величины и единицы измерения	77
第 1 课　物理量及其测量 ······	77
Урок 2　Научные методы изучения природы	88
第 2 课　研究自然的科学方法 ······	88

Урок 3	Механика		96
第3课	力学		96
Урок 4	Законы Ньютона		108
第4课	牛顿定律		108
Урок 5	Оптика		112
第5课	光学		112
Урок 6	Термодинамика		121
第6课	热力学		121
Урок 7	Электростатика		128
第7课	静电学		128

Раздел 4 Язык химии ······ 136
第4章 化学篇 ······ 136

Урок 1	Классификация химических элементов	136
第1课	化学元素的分类	136
Урок 2	Химические вещества	145
第2课	化学物质	145
Урок 3	Строение вещества	151
第3课	物质结构	151
Урок 4	Свойства вещества	159
第4课	物质特性	159
Урок 5	Химические реакции: процессы и явления	163
第5课	化学反应：过程与现象	163

Приложение ······ 174
附录 ······ 174

Словарь ······ 188
单词表 ······ 188

Ключи ······ 220
参考答案 ······ 220

Список литературы ······ 262
参考文献 ······ 262

Введение
绪　　论

Прочитайте текст. Скажите, что изучают точные науки? Как изучают точные науки? Какие выводы делают точные науки?
读课文，请说一说自然科学是研究什么的？是怎样进行研究的？都做出了哪些结论？

Науки разделяют на группы в зависимости от **предмета**（что изучают？）и **методов изучения**（как изучают？）. К точным наукам относятся математика, физика, химия, информатика и др. Точные науки главным образом уделяют внимание **неживой** природе.

Точные науки изучают точные закономерности, явления и объекты природы, которые можно измерять с помощью установленных методов, приборов и описывать с помощью чётко определённых понятий. **Гипотезы** основываются на **экспериментах и логических рассуждениях**, их **строго проверяют.**

Точные науки опираются на **численные значения**, **формулы.** Например, законы природы, которые изучает физика, действуют в равных условиях одинаково. В гуманитарных науках, таких, как философия, социология, однозначные выводы невозможны, каждый человек может иметь своё мнение и делать **субъективные** выводы, но доказать, что это мнение **единственно правильное**, он вряд ли сможет.

Математика—фундаментальная наука, на которую опирается множество других наук.

Физика—наука о простейших и вместе с тем наиболее общих законах природы, о материи, её структуре и движении. Физика неразрывно связана с математикой. Математика даёт физике средства точного выражения зависимости между физическими величинами: построение графика движения, вектора, решение уравнений, использование математических формул, действий для осуществления расчётов.

Химия—это наука о веществах, их свойствах, строении и превращениях, происходящих в результате взаимодействия. Математика даёт химии средства и приёмы составления и решения пропорций, решения задач.

Информатика—это наука о способах получения, накопления, хранения, передачи, преобразования, защиты и использования информации. Получать, накапливать, хранить, передавать, преобразовывать, защищать и использовать информацию позволяют компьютеры, поэтому информатика связана с вычислительной техникой.

1. Прочитайте текст ещё раз и ответьте на вопросы.
请再读一遍课文并回答下列问题。

（1）На какие группы разделяются все науки?

（2）Чем различаются точные и гуманитарные науки?

（3）Какие науки точные?

（4）Какие науки гуманитарные?

（5）Почему математика—точная наука?

（6）Что даёт математика физике?

（7）Что даёт математика химии?

（8）Почему информатика связана с вычислительной техникой?

2. Найдите в тексте однокоренные слова（существительные）.
请在文章中找出与下列单词同一词根的名词。

выражать		составлять	
построить		получать	
решить		накапливать	
использовать		хранить	
строить		передавать	
превращать		преобразовывать	
взаимодействовать		защищать	

3. Составьте словосочетания по модели. Прочитайте их.
请按示例完成下列习题。

Модель：изучать что（математические формулы）—изучать математические формулы

（1）изучать что（точные закономерности, явления и объекты природы）

（2）измерять с помощью чего（установленные методы, приборы）

（3）описывать с помощью чего（определённые понятия）

（4）опираться на что（численные значения, формулы）

（5）делать что（выводы）

（6）давать чему（химия）что（средства и приёмы）

4. Прочитайте текст и ответьте на вопросы.
阅读短文并回答问题。

В техническом университете студенты изучают физику, математику, химию, информатику и другие науки. Каждая наука имеет свои методы и законы. Физика изучает материальный мир и его общие свойства. Математика изучает величины, пространственные формы и количественные отношения. Химия изучает вещества, их состав, строение, свойства и превращения. Информатика изучает структуру и общие свойства информации. Задача информатики — хранение, преобразование и использование информации.

Вопросы:

(1) Что изучают студенты в техническом университете?

(2) Что изучает физика?

(3) Что изучает математика?

(4) Что изучает химия?

(5) Что изучает информатика?

5. Поставьте прилагательные в нужную форму.

用形容词的适当形式与名词搭配。

Модель: материальный（точка）—материальная точка.

(1) материальный（мир, точки）

(2) математический（величина, законы, задача, величины）

(3) общий（законы, свойства, методы, свойство）

(4) технический（институт, науки, университеты）

(5) научный（методы, задача, метод, задачи, информация）

(6) химический（задача, законы, свойство, состав）

(7) другой（свойства, наука, закон, величина, свойство）

(8) физический（законы, величина, свойство, величины）

	изучать **что**（В. п.）
	иметь **что**（В. п.）

6. Образуйте словосочетания и предложения по модели.

仿照示例完成下列习题。

Модель: изучать（физика）—изучать физику—Я изучаю физику.

иметь（свойство）	Оно
изучать（математика）	Мы
иметь（задачи）	Они
изучать（вещества）	Я
иметь（строение）	Ты
изучать（информатика）	Вы
иметь（форма）	Она
изучать（химия）	Я
иметь（отношение）	Они
изучать（языки）	Мы

7. Составьте предложения.

连词成句。

(1) Студенты, изучать, математика, химия, и, информатика.

(2) Физика, изучать, материальный, мир.

(3) Химия, изучать, вещества, их, состав, строение, свойства, и, превращения.

(4) Информатика, изучать, структура информации.

(5) Наука, иметь, методы, и, законы.

(6) Математика, изучать, величины, пространственный, формы, и, количественный, отношения.

Новые слова

разделить (СВ) — разделять (НСВ) 分成,划分;除以

зависимость (阴) 依赖,从属

в зависимости от 取决于,依据

метод 方法

точный 准确的,精密的

естественный 自然的

изящный 精美的,文雅的

гуманитарный 人文的

относиться 与……有关;比;属于

информатика 信息学

и др. = и другие 等等

главным образом 主要地

уделять (НСВ) — уделить (СВ) 分给,拨给

уделять внимание 注意,关注

неживой 死的,非有机体的

закономерность (阴) 规律性;合理性

явление 现象;事物

измерить (СВ) — измерять (НСВ) 测量,估量

установленный 规定的,确定的

описать (СВ) — описывать (НСВ) 叙述,说明

чётко 精确地

определённый 一定的

понятие 概念

гипотеза 假说

эксперимент 实验

логический 逻辑学的

рассуждение 推论

прове́рить（СВ）—проверя́ть（НСВ）检查,检验
опере́ться（СВ）—опира́ться（НСВ）依据
чи́сленный 数的,数量上的
значе́ние 意义
фо́рмула 公式
зако́н 定律;法律
де́йствовать（НСВ）—поде́йствовать（СВ）起作用
одина́ковый 同样的,一样的
филосо́фия 哲学
социоло́гия 社会学
однозна́чный 同义的
вы́вод 结论
субъекти́вный 主观的,片面的
доказа́ть（СВ）—дока́зывать（НСВ）证明,证实
вряд ли 未必,不见得
фундамента́льный 基本的,主要的
мно́жество 多数,大量,许多
просте́йший 最简单的
мате́рия 物质
структу́ра 结构
движе́ние 运动
неразры́вно 难分离地
свя́зан（-а, -о, -ы）с 与……有关
сре́дство 方法;工具
выраже́ние 表达
величина́ 量,值
построе́ние 建造;结构
гра́фик 图表
ве́ктор 向量
уравне́ние 方程式
осуществле́ние 实现;实行;实施
расчёт 计算,核算
превраще́ние 变化,转换
взаимоде́йствие 相互作用
пропо́рция 比例
накопле́ние 积累
накопи́ть（СВ）—нака́пливать（НСВ）积累
хране́ние 保存,保管
преобразова́ние 变换;改造（名）

преобразо́вывать（НСВ）—преобразова́ть（СВ）变换；改造
защити́ть（СВ）—защища́ть（НСВ）保护；辩护
позво́лить（СВ）—позволя́ть（НСВ）允许
вычисли́тельный 计算的
рассуди́ть（СВ）—рассужда́ть（НСВ）推论，论断
эксперименти́ровать（НСВ）实验，试验
сво́йство 特性，属性
простра́нственный 空间的，立体的
коли́чественный 数量的

Раздел 1 Язык математики
第1章 数学篇

Урок 1 Натуральные числа
第1课 自然数

Натуральное число

Натуральные числа—это числа, возникающие естественным образом при счёте (1, 2, 3, 4, 5, 6, 7 и так далее...). Последовательность всех натуральных чисел, расположенных в порядке возрастания, называется **натуральным рядом**.

1. Прочитайте текст и ответьте на вопросы.

读课文并回答问题。

7—это цифра и число. 35—это число, а не цифра. Здесь две цифры: 3 и 5. И 53—это тоже число, здесь тоже две цифры: 5 и 3. 0, 1, 2, 3, 4, 5, 6, 7, 8, 9—это цифры, а 10—это число. 0—не является натуральным числом, так как 0 не используют при счёте.

Вопросы:

(1) Какие цифры обозначают число 62, 48, 70, 91, 13, 27, 72, 54, 120?

(2) Какие знаки обозначают и цифру и число?

2. Прочитайте следующие предложения.

读下列句子。

3—это натуральное число.

5—это натуральное число.

18—это натуральное число.

135—это натуральное число.

3, 5, 18, 135—это натуральные числа.

3. Восстановите текст, вставьте пропущенные слова.

根据文章意思填空。

9—это цифра и _____. 10—это не _____, это число. Здесь _____ цифры 1 и 0. Числа 1, 2, 3, 4, 5...—это _____ числа, 0—ненатуральное _____.

Целое число

Расширить множество натуральных чисел можно, если добавить к нему нуль и отрицательные числа. Это нужно для того, чтобы можно было вычесть из одного натурального числа другое — можно вычитать только меньшее число из большего. Введение нуля и отрицательных чисел делает вычитание такой же полноценной операцией, как сложение. Таким образом, мы получаем большую группу чисел — **целые числа.**

Внимание!

что (И. п) — это что (И. п)
1 — это натуральное, целое число.   0 — это целое, но не натуральное число.

Это важно знать!

(1) Сумма, разность и произведение целых чисел в результате дают целые числа.

(2) Не существует самого большого и самого маленького целого числа. Этот ряд бесконечен. Наибольшего и наименьшего целых чисел — не бывает.

(3) Обыкновенные и десятичные дроби нельзя назвать целыми числами. Но иногда в задачах можно встретить целые числа, у которых дробная часть равна нулю и при этом нет долей.

Целые числа на числовой оси выглядят так:

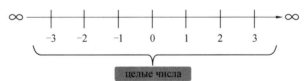

4. Прочитайте следующие предложения.

读下列句子。

45 — это натуральное, целое число.

45 и 35 — это натуральные, целые числа.

0 — это целое, но не натуральное число.

Положительное число — это число, которое больше, чем ноль.

Отрицательное число — это число, которое меньше, чем ноль.

Внимание!

что (И. п.) — это что (И. п.), так как что (И. п.) меньше / больше нуля (Р. п.)
2 — это положительное число, так как 2 больше нуля.   −5 — отрицательное число, так как −5 меньше нуля.

Раздел 1 Язык математики / 第1章 数学篇

5. Напишите предложения по модели.
根据示例仿写句子。

Модель: 7—это положительное число, так как 7 больше нуля.

(1) –46—это _____.

(2) 691—это _____.

(3) 34—это _____.

(4) –1 075—это _____.

(5) 3 602—это _____.

(6) –58—это _____.

(7) 4 013—это _____.

(8) –41—это _____.

6. Прочитайте текст и ответьте на вопросы.
读课文并回答问题。

Отрицательные числа появились значительно позже, чем натуральные числа и обыкновенные дроби. Первые сведения об отрицательных числах встречаются у китайских математиков во II веке до нашей эры. Положительные числа тогда обозначали имущество, а отрицательные—долг или недостачу.

Вопросы:

(1) Какие числа появились раньше?

(2) Когда появились первые сведения об отрицательных числах?

(3) Что обозначали положительные числа тогда?

(4) Что обозначали отрицательные числа тогда?

7. Прочитайте текст и ответьте на вопросы.
读课文并回答问题。

Натуральные числа называют положительными целыми числами. Отрицательные числа—это числа, которые получаются из натуральных путём приписывания знака "минус".

Два положительных или два отрицательных числа—это числа одного знака. Положительное и отрицательное число—это числа разных знаков.

С помощью знака "минус" записывается число, противоположное данному положительному.

Число, противоположное числу a, обозначают $-a$.

Если $a = -25$, то $-a = -25$. (Если a равно двадцати пяти, то минус a равно минус двадцати пяти).

Если $a = -40$, то $-a = -(-40) = 40$. (Если a равно минус сорока, то минус a равно минус минус сорока, то есть сорока.

Если $a = 0$, то $-a = 0$. (Если a равно нулю, то минус a равно нулю).

Итак, числа со знаком "+" перед ними называют положительными. Числа со знаком "–" перед ними называют отрицательными. Число 0 не является ни положительным, ни отрицательным.

Математики в Древнем Китае использовали для обозначения положительных чисел красный цвет, для отрицательных чисел чёрный. Однако в настоящее время обозначение отрицательных чисел с помощью знака "−" принято во всём мире.

Вопросы:

(1) Какие числа называются положительными? Положительные числа по-другому называются натуральными?

(2) Какие числа называются отрицательными?

(3) Чем отличаются положительные и отрицательные числа?

(4) Какие числа два положительных или два отрицательных числа?

(5) Какие числа положительное и отрицательное число?

(6) Как записывается число, противоположное данному положительному?

(7) Каким является число 0?

(8) Как записывали положительные и отрицательные числа в Древнем Китае?

Чётное число и нечётное число

Чётное число—целое число, которое делится без остатка на 2: ... −4, −2, 0, 2, 4, 6, 8...

Нечётное число—целое число, которое не делится без остатка на 2: ... −3, −1, 1, 3, 5, 7, 9...

8. Ответьте на вопросы и объясните почему.

回答问题并解释为什么。

Модель: Число 36 чётное, потому что последняя цифра в записи числа делится на 2. Число 35 нечётное, потому что последняя цифра в записи числа не делится на 2.

Чётные или нечётные числа 84, 48, 60, 27, 43, 32, 37?

Чётные или нечётные числа 340, 189, 4 792, 1 250 704?

9. Составьте из цифр 0, 1, 2, 3 все чётные двузначные числа.

请写出所有用0, 1, 2, 3组成的两位数的偶数。

10. Составьте из цифр 4, 5, 6, 7 все нечётные двузначные числа.

请写出所有用4, 5, 6, 7组成的两位数的奇数。

Внимание!

	что (И. п.)—это что (И. п.), так как что делится на 2 без остатка (Р. п.) / с остатком (Т. п.)
	2—это чётное число, так как 2 делится на 2 без остатка −5—это нечётное число, так как −5 делится на 2 с остатком.

Раздел 1　Язык математики / 第 1 章　数学篇

11. Напишите предложения по модели.
　　根据示例仿写句子。

Модель：

　　7—это нечётное число, так как 7 делится на 2 с остатком.

　　6—это чётное число, так как 6 делится на 2 без остатка.

　　（1）68—это _____.

　　（2）-4—это _____.

　　（3）-103—это _____.

　　（4）59—это _____.

　　（5）3 337—это _____.

　　（6）902—это _____.

　　（7）458—это _____.

　　（8）-4 592—это _____.

　　（9）12 494—это _____.

　　（10）506 722—это _____.

　　（11）13—это _____.

　　（12）-30—это _____.

12. Напишите предложения по модели.
　　根据示例仿写句子。

Модель：

　　2—это натуральное, целое, чётное, положительное число.

　　5—это натуральное, целое, нечётное, положительное число.

　　-2—это натуральное, целое, чётное, отрицательное число.

　　（1）11—это _____.

　　（2）-35—это _____.

　　（3）17 и 49—это _____.

　　（4）52 и 48—это _____.

　　（5）1—это _____.

　　（6）59—это _____.

　　（7）2 и 68—это _____.

　　（8）53 и 111—это _____.

　　（9）-5 и -11—это _____.

　　（10）-91 и -19—это _____.

　　（11）26 и 84—это _____.

　　（12）121 и 593—это _____.

13. Прочитайте текст и ответьте на вопросы.
　　读课文并回答问题。

　　Числа, которые делятся на 2, называются чётными: они заканчиваются на 0, 2, 4, 6, 8. Числа, которые не делятся на 2, называются нечётными: они заканчиваются на 1,

3, 5, 7, 9. В ряду чисел чётные и нечётные чередуются: 1, 2, 3, 4, 5, 6, 7, 8, 9, 10, 11, 12, 13, 14, 15...

При сложении чётных чисел получается чётное число, при сложении нечётных тоже получается чётное число: 4 + 2 = 6; 3 + 5 = 8.

Если складывают нечётное число с чётным, то в ответе будет нечётное число: 5+2 = 7.

Обратите внимание!

Складывать что? числа (В. п., мн.)

Сложение чего? чисел (Р. п., мн.)

Вопросы:

(1) Какие числа называются чётными?

(2) На что заканчиваются чётные числа?

(3) Какие числа называются нечётными?

(4) На что заканчиваются нечётные числа?

(5) Как расположены в ряду чисел чётные и нечётные?

(6) Какое число получается при сложении чётных чисел?

(7) Какое число получается при сложении нечётных чисел?

(8) Какое число получается при сложении чётного и нечётного числа?

Новые слова

натура́льный 自然的,自然科学的

натура́льное число́ 自然数

возни́кнуть (СВ)—возника́ть (НСВ) 发生,产生

после́довательность (阴) 连续性,连贯性

расположи́ть (СВ)—располага́ть (НСВ) 支配,布置

возраста́ние 增长,增长量

назва́ться (СВ)—называ́ться (НСВ) 称为……

расши́рить (СВ)—расширя́ть (НСВ) 扩大,扩展

доба́вить (СВ)—добавля́ть (НСВ) 添加

отрица́тельное число́ 负数

вы́честь (СВ)—вычита́ть (НСВ) 减去,扣除

вычита́ние 减法,减去

полноце́нный 有充分价值的

опера́ция 运算;手术

таки́м о́бразом 因此,这样一来

ра́зность (阴) 差,差值

произведе́ние 积,乘积

ряд 级数;行;队伍

бесконе́чный 无限的
наибо́льший 最大的
наиме́ньший 最小的
обыкнове́нный 平常的,通常的
десяти́чный 小数的,十进制的
дробь(阴)分数,小数
дро́бный 分数的
до́ля 一份
числово́й 数字的
ось(阴)轴线,中心线,轴
вы́глядеть（НСВ）看起来,看上去
положи́тельный 正的；肯定的；积极的
отрица́тельный 负的；否定的；消极的
появи́ться（СВ）—появля́ться（НСВ）出现
значи́тельный 相当大的
све́дения(复)资料；消息；信息
э́ра 时代,纪元
обозна́чить（СВ）—обознача́ть（НСВ）意思是；表明,指出
иму́щество 财产,物资,资产
недоста́ча 不足,短缺
припи́сывание 登记；归因
записа́ться（СВ）—запи́сываться（НСВ）登记,报名,挂号
противополо́жный 对面的；相反的
да́нный 数据；这个
ра́вный（-вен，-вна́，-вно́，-вны́）相等的,等于
явля́ться 是
чётный 偶数的
чётное число́ 偶数
нечётный 奇数的
нечётное число́ 奇数
за́пись(阴)笔记
дели́ться（НСВ）—подели́ться（СВ）能除尽；分成
оста́ток 余数；剩余
двузна́чный 两位数的；有两个意义的
соста́вить（СВ）—составля́ть（НСВ）是；组成；编制
чередова́ться（НСВ）轮流,替换
сложе́ние 加法
сложи́ть（СВ）—скла́дывать（НСВ）相加,叠加；放在一起
предста́вить（СВ）—представля́ть（НСВ）展现；提交

Урок 2 Арифметические действия
第 2 课 四则运算

	что (И. п.) обозначает что (В. п.)

拉丁字母发音表					
A(a) — а	F(f) — эф	K(k) — ка	P(p) — пэ	U(u) — у	X(x) — икс
B(b) — бэ	G(g) — жэ	L(l) — эль	Q(q) — ку	V(v) — вэ	Y(y) — игрек
C(c) — цэ	H(h) — аш	M(m) — эм	R(r) — эр	W(w) — дубль-вэ	Z(z) — зэт
D(d) — дэ	I(i) — и	N(n) — эн	S(s) — эс		
E(e) — е	J(j) — жи	O(o) — о	T(t) — тэ		

сложить (СВ) что (В. п.) и что (В. п.) прибавить (СВ) к чему (Д. п.) что (В. п.)	Сложите числа 5 (пять) и 4 (четыре). Прибавьте к 5 (пяти) 4 (четыре).
умножить (СВ) что (В. п.) на что (В. п.)	Умножьте 4 (четыре) на 10 (десять).
вычесть (СВ) из чего (Р. п.) что (В. п.) отнять (СВ) от чего (Р. п.) что (В. п.)	Вычтите из 11 (одиннадцати) 4 (четыре). Отнимите от 11 (одиннадцати) 4 (четыре).
разделить (СВ) что (В. п.) на что (В. п.)	Разделите 48 (сорок восемь) на 2 (два).
сравнить (СВ) что (В. п.) и что (В. п.)	Сравните 89 (восемьдесят девять) и 136 (сто тридцать шесть).
найти (СВ) что (В. п.) и чего (Р. п.)	Найдите произведение чисел 9 (девять) и 6 (шесть).

1. Прочитайте текст и ответьте на вопросы.
   读课文并回答问题。

Знак "+" (плюс) обозначает сумму. Знак "−" (минус) обозначает разность. Знак "×" (·) (умножить на) обозначает произведение. Знак " : " (разделить на) обозначает деление.

Вопросы:

（1）Что обозначает знак "+" (плюс)?

（2）Что обозначает знак "−" (минус)?

（3）Что обозначает знак "×" (·) (умножить на)?

（4）Что обозначает знак ":" (разделить на)?

（5）Какой знак обозначает сложение?

（6）Какой знак обозначает вычитание?

（7）Какой знак обозначает произведение?

（8）Какой знак обозначает деление?

2. Прочитайте по модели.

仿照示例读下列算式。

Модель:

$7m+6n$, семь эм плюс шесть эн

$4x-3y$, четыре икс минус три игрек

$2a \cdot 3b$, два а умножить на три бэ

$21c : 5d$, двадцать один цэ разделить на пять дэ

（1）$2a+3b$　　　　（8）$m+n$　　　　（15）$23n \cdot 4m$

（2）$12b+6k$　　　（9）$15c \cdot 4a$　　（16）$4b-6k$

（3）$k+p$　　　　　（10）$10m+14$　　（17）$x \cdot z$

（4）$y-x$　　　　　（11）$32b \cdot 4$　　（18）$116x : 25p$

（5）$30b : q$　　　　（12）$18d : 7x$　　（19）$m : n$

（6）$a-d$　　　　　（13）$6a \cdot 2d$　　（20）$8a-13c$

（7）$f : d$　　　　　（14）$a+b$

3. Прочитайте по модели.

仿照示例读下列算式。

Модель:

$45+15$ — Это сумма (Р. п.) чисел 45 и 15. Это операция (Р. п.) сложения.

$100-23$ — Это разность (Р. п.) чисел 100 и 23. Это операция (Р. п.) вычитания.

$20 \cdot 27$ — Это произведение (Р. п.) чисел 20 и 27. Это операция (Р. п.) умножения.

$60 : 10$ — Это частное (Р. п.) чисел 60 и 10. Это операция (Р. п.) деления.

（1）$90-60$　　　　（7）$65 \cdot 4$　　　（13）$100+13$

（2）$133 : 11$　　　（8）$100 : 2$　　　（14）$18-8$

（3）$48 \cdot 2$　　　　（9）$125 : 5$　　　（15）$125 \cdot 5$

（4）$22+4$　　　　（10）$15 \cdot 6$　　　（16）$78+9$

（5）$74-34$　　　　（11）$84 : 3$　　　　（17）$15 \cdot 4$

（6）$28+12$　　　　（12）$130 \cdot 5$　　（18）$75+11$

Какие операции возможны над натуральными числами?

● СЛОЖЕНИЕ   слагаемое + слагаемое = сумма

$$a + b = c$$

① a плюс b равно c

② Сумма чисел a и b равна c

● ВЫЧИТАНИЕ   уменьшаемое − вычитаемое = разность

$$a - b = c$$

① a минус b равно c

② Разность чисел a и b равна c

● УМНОЖЕНИЕ   множитель · множитель = произведение

$$a \cdot b = c$$

① a умножить на b равно c

② Произведение чисел a и b равно c

● ДЕЛЕНИЕ   делимое : делитель = частное

$$a : b = c$$

① a разделить на b равно c

② Частное чисел a и b равно c

4. Слушайте, читайте, повторяйте и пишите выражения.

听,读,重复并写出表达式。

(1) Сложите числа 6 и 9.

(2) Вычтите из 68 3.

(3) Умножьте 43 на 8.

(4) Разделите 24 на 6.

(5) Найдите сумму чисел 9 и 34.

(6) Найдите разность чисел 741 и 357.

(7) Найдите произведение чисел 85 и 3.

(8) Найдите частное чисел 99 и 33.

(9) Прибавьте к 90 124.

(10) Отнимите от 892 527.

(11) Умножьте 5 на 9.

(12) Разделите 88 на 44.

	0 нулю
что（И. п.）равно **чему**（Д. п.）	1—одному, единице
Сумма（ж. р.）равна двадцати пяти.	2,3,4—двум, трём, четырём
Результат（м. р.）равен трём.	5,6,7…20, 30（пяти, шести, семи… двадцати, тридцати）
Произведение（с. р.）равно одиннадцати.	50,60,70,80（пятидесяти, шестидесяти, семидесяти, восьмидесяти）
	40,90,100（сорока, девяноста, ста）

5. Выполните задание по модели.
按照例句完成任务。

Модель：

5 + 6 = ?

—Чему равна сумма?

—Сумма равна одиннадцати.

10 − 7 = ?

—Чему равна разность?

—Разность равна трём.

2 · 4 = ?

—Чему равно произведение?

—Произведение равно восьми.

45 : 5 = ?

—Чему равно частное?

—Частное равно девяти.

(1) 3 + 7 = ?

(2) 67 + 51 = ?

(3) 63 − 42 = ?

(4) 1 + 1 = ?

(5) 53 − 31 = ?

(6) 5 · 9 = ?

(7) 52 · 3 = ?

(8) 100 · 53 = ?

(9) 1 000 : 10 = ?

(10) 35 : 7 = ?

(11) 92 − 11 = ?

(12) 42 : 7 = ?

(13) 500 : 100 = ?

(14) 69 − 61 = ?

6. Прочитайте текст и ответьте на вопросы.
读课文并回答问题。

Правила нахождения компонентов арифметических действий

Сложение：первое слагаемое, второе слагаемое, сумма.

Чтобы **найти неизвестное слагаемое**, нужно из суммы вычесть известное слагаемое.

Сложение проверяется вычитанием. Чтобы проверить сложение, нужно из суммы вычесть одно из слагаемых, тогда мы получим второе.

Вычитание: уменьшаемое, вычитаемое, разность.

Чтобы **найти уменьшаемое**, нужно к вычитаемому прибавить разность.

Чтобы **найти вычитаемое**, нужно из уменьшаемого вычесть разность.

Вычитание проверяется сложением. Чтобы проверить вычитание, нужно к разности прибавить вычитаемое, тогда мы получим уменьшаемое.

Умножение: первый множитель, второй множитель, произведение.

Чтобы **найти неизвестный множитель**, нужно произведение разделить на известный множитель.

Умножение проверяется делением. Чтобы проверить умножение, нужно произведение разделить на один из множителей, тогда мы получим второй множитель.

Деление: делимое, делитель, частное.

Чтобы **найти делимое**, нужно делитель умножить на частное.

Чтобы **найти делитель**, нужно делимое разделить на частное.

Деление проверяется умножением. Чтобы проверить деление, нужно частное умножить на делитель, тогда мы получим делимое.

Вопросы:

(1) Как найти неизвестное слагаемое?

(2) Как проверить сложение?

(3) Как найти уменьшаемое?

(4) Как найти вычитаемое?

(5) Как проверить вычитание?

(6) Как найти неизвестный множитель?

(7) Как проверить умножение?

(8) Как найти делимое?

(9) Как найти делитель?

(10) Как проверить деление?

7. Прочитайте текст и ответьте на вопросы.

读课文并回答问题。

Есть однозначное правило, которое определяет порядок выполнения действий в выражениях без скобок: (1) действия выполняются по порядку слева направо; (2) сначала выполняется умножение и деление, а затем сложение и вычитание.

Что первое, умножение или деление?

—По порядку слева направо.

Сначала умножение или сложение?

—Умножаем, потом складываем.

Рассмотрим порядок арифметических действий в примерах.

Пример 1. Выполните вычисление: $11 - 2 + 5$.

В нашем выражении нет скобок, умножение и деление отсутствуют, поэтому выполняем все действия в указанном порядке. Сначала вычтем два из одиннадцати, затем прибавим к остатку пять и в итоге получим четырнадцать.

Вот запись всего решения: $11 - 2 + 5 = 9 + 5 = 14$.

Пример 2. В каком порядке выполнить вычисления в выражении: $10 : 2 \cdot 7 : 5$?

У нас есть только умножение и деление значит сохраняем записанный порядок вычислений и считаем последовательно слева направо.

Сначала выполняем деление десяти на два, результат умножаем на семь и получившееся число делим на пять.

Запись всего решения: $10 : 2 \cdot 7 : 5 = 5 \cdot 7 : 5 = 35 : 5 = 7$.

Вопросы:

(1) Как выполняют действия в выражениях без скобок?

(2) Что выполняют первым, умножение или деление?

(3) Что выполняют первым, сложение или вычитание?

(4) Что выполняют сначала, умножение или вычитание?

8. Прочитайте текст. Повторите порядок выполнения действий.
读课文并重复运算顺序。

Иногда выражения могут содержать скобки, которые подсказывают порядок выполнения математических действий. В этом случае правило звучит так: (1) сначала выполняются действия в скобках; (2) потом по порядку слева направо выполняются умножение и деление; (3) затем—сложение и вычитание.

Выражения в скобках рассматриваются как составные части исходного выражения. В них сохраняется уже известный нам порядок выполнения действий.

Рассмотрим порядок выполнения действий на примерах со скобками.

Пример. Вычислить: $10 + (8 - 2 \cdot 3) \cdot (12 - 4) : 2$.

Как правильно решить пример:

Выражение содержит скобки, поэтому сначала выполним действия в выражениях, которые заключены в эти скобки.

Начнём с первого $8 - 2 \cdot 3$. Что сначала, умножение или вычитание? Мы уже знаем правильный ответ: умножение, затем вычитание. Получается так:

$8 - 2 \cdot 3 = 8 - 6 = 2$.

Переходим ко второму выражению в скобках $12 - 4$. Здесь только одно действие—сложение, выполняем: $12 - 4 = 8$.

Подставляем полученные значения в исходное выражение:

$10 + (8 - 2 \cdot 3) \cdot (12 - 4) : 2 = 10 + 2 \cdot 8 : 2$.

Какое действие в полученном выражении делается первым, умножение или деление? Выполняем слева направо: умножение, деление, затем—сложение. Получилось:

$10 + 2 \cdot 8 : 2 = 10 + 16 : 2 = 10 + 8 = 18$.

На этом все действия выполнены.

Ответ: 10 + (8 − 2 · 3) · (12 − 4) : 2 = 18.

9. Выполните действия в выражении: 9 : (5 + 2 · (8−6)).

完成 9:(5+2·(8−6)) 的运算。

> **Новые слова**

арифме́тика 算数

арифмети́ческий 算数的

арифмети́ческое де́йствие 四则运算

приба́вить (СВ) — прибавля́ть (НСВ) 加上,添加

умно́жить (СВ) — умножа́ть (НСВ) 乘以

отня́ть (СВ) — отнима́ть (НСВ) 减,减去

сравни́ть (СВ) — сра́внивать (НСВ) 比较

найти́ (СВ) — находи́ть (НСВ) 找到

плюс 加;加号

су́мма 和

ми́нус 减;减号;负号

слага́емое 加数

уменьша́емое 被减数

умноже́ние 乘法

мно́житель (阳) 乘数

деле́ние 除法

дели́мое 被除数

дели́тель (阳) 除数

ча́стное 商,商数

результа́т 结果

нахожде́ние 算出,求出;找出

компоне́нт 成分,部分

прове́риться (СВ) — проверя́ться (НСВ) 检查,核对

вычита́емое 减数

определи́ть (СВ) — определя́ть (НСВ) 确定;计算

ско́бка 括号

рассмотре́ть (СВ) — рассма́тривать (НСВ) 分析,研究

отсу́тствовать (НСВ) 没有,缺席

ука́занный 规定的;上述的

после́довательно 逐次,依次地

подсказа́ть (СВ) — подска́зывать (НСВ) 提示,指出

звуча́ть (НСВ) 发出声

составно́й 合成的,组合的

подста́вить (СВ)—подставля́ть (НСВ) 代入，放到

Урок 3   Неравенство
第3课 不等式

1. Прочитайте текст и ответьте на вопросы.

读课文并回答问题。

Неравенством мы будем называть два числовых или буквенных выражения, соединённых знаками ">, <, ⩾, ⩽" или "≠".

>	больше
<	меньше
⩾	больше или равно
⩽	меньше или равно
≠	не равно

Пример：56 > 34（пятьдесят шесть больше, чем тридцать четыре）

Данное неравенство говорит о том, что число 56 больше, чем число 34. Острый угол знака неравенства должен быть направлен в сторону меньшего числа. Это неравенство является верным, поскольку 56 больше, чем 34.

Вопросы：

（1）Что называют неравенством?

（2）Как называется два числовых или буквенных выражения, соединённых знаками ">, <, ⩾, ⩽" или "≠"?

（3）Назовите знаки ">, <, ⩾, ⩽" или "≠".

（4）Что говорит неравенство 32 < 48? Является ли оно верным?

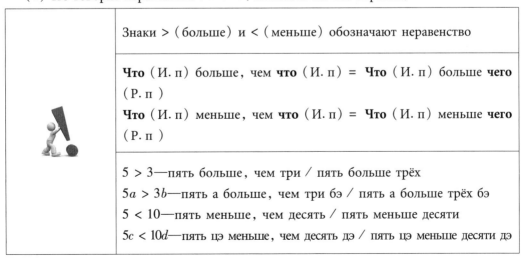

	Знаки > (больше) и < (меньше) обозначают неравенство
	Что (И. п) больше, чем **что** (И. п) = **Что** (И. п) больше **чего** (Р. п)
	Что (И. п) меньше, чем **что** (И. п) = **Что** (И. п) меньше **чего** (Р. п)
	5 > 3—пять больше, чем три / пять больше трёх 5a > 3b—пять а больше, чем три бэ / пять а больше трёх бэ 5 < 10—пять меньше, чем десять / пять меньше десяти 5c < 10d—пять цэ меньше, чем десять дэ / пять цэ меньше десяти дэ

2. Слушайте следующие неравенства и напишите словами.
听并写出下列不等式。

(1) $12a>6b$ (9) $16x>d$
(2) $a>1$ (10) $3x>2y$
(3) $14c<d$ (11) $18y<d$
(4) $6m>4n$ (12) $7c>40$
(5) $18y>x$ (13) $17a>b$
(6) $b<2$ (14) $c>0$
(7) $42a>b$ (15) $5y>5a$
(8) $y<2b$ (16) $8b<50$

	Что больше / меньше, чем что, на сколько
	На сколько пять больше, чем три?
	Пять больше, чем три, на два (5>3 на 2).

3. Ответьте на вопросы.
请回答下列问题。

(1) На сколько двенадцать больше, чем десять?
(2) На сколько десять меньше, чем пятнадцать?
(3) На сколько шестьдесят больше, чем сорок?
(4) На сколько двадцать меньше, чем сорок?
(5) На сколько двадцать девять больше, чем девятнадцать?
(6) На сколько двадцать один меньше, чем тридцать?
(7) На сколько девятнадцать больше, чем двенадцать?
(8) На сколько четыре меньше, чем семь?
(9) На сколько тридцать три больше, чем одиннадцать?
(10) На сколько четырнадцать больше, чем семь?

	Что больше/меньше, чем что, во сколько раз
	Во сколько раз шесть больше, чем три?
	Шесть больше, чем три, в два (6>3 в 2) раза.
	1 раз
	2—4 раза
	5—20 раз

4. Ответьте на вопросы.
请回答下列问题。

(1) Во сколько раз четыре больше, чем два?
(2) Во сколько раз шесть меньше, чем двадцать четыре?

(3) Во сколько раз пятьдесят больше, чем пять?
(4) Во сколько раз сорок девять больше, чем семь?
(5) Во сколько раз тридцать шесть больше, чем шесть?
(6) Во сколько раз девять меньше, чем восемнадцать?
(7) Во сколько раз пять меньше, чем пятнадцать?
(8) Во сколько раз сто больше, чем двадцать?
(9) Во сколько раз сто двадцать один больше, чем одиннадцать?
(10) Во сколько раз сорок больше, чем пять?

5. Прочитайте текст и ответьте на вопросы.
读课文并回答问题。

Неравенство—это два числа или выражения, соединённых одним из знаков " $>$, $<$, $\geqslant$, $\leqslant$ " или " $\neq$ ".

Поставить один из этих знаков между числами и выражениями, значит, сравнить их.

Говорят, что число a больше числа b, если разность $a - b$ положительная, если же она отрицательная, то число a меньше числа b.

Решить неравенство—значит найти все значения переменной или доказать, что таких значений нет.

Решения неравенств можно отмечать на координатной прямой или записывать в виде промежутка.

Например: $2x>6$ (два икс больше шести); $-4x \leqslant 8$ (минус четыре икс меньше или равно восьми); $x^2-16 < 0$ (икс квадрат минус шестнадцать меньше нуля).

Различают следующие виды неравенства:

(1) строгие неравенства—неравенства со знаками " $>$ " (больше) или " $<$ " (меньше): $a>b, b<a$;

(2) нестрогие неравенства—неравенства со знаками " $\geqslant$ " (больше или равно) или " $\leqslant$ " (меньше или равно): $a \geqslant b, b \leqslant a$;

(3) двойные неравенства—неравенства, в которых употребляются сразу два знака " $>$, $<$, $\geqslant$, $\leqslant$ ": $a<b<c$; $a \leqslant b<c$; $a<b \leqslant c$; $a \leqslant b \leqslant c$.

Вопросы:
(1) Что такое неравенство?
(2) Что значит сравнить числа или выражения?
(3) Как называются знаки неравенства " $>$, $<$, $\neq$, $\geqslant$, $\leqslant$ "?
(4) Что значит число a больше числа b?
(5) Что значит число a меньше числа b?
(6) Что значит решить неравенство?
(7) Какие неравенства строгие?
(8) Какие неравенства нестрогие?
(9) Какие неравенства двойные?

> **Новые слова**

нера́венство 不等式
бу́квенный 字母的
соединённый 连接的, 合并的
о́стрый 尖的, 锋利的
у́гол 角
поско́льку 因为, 既然
бо́льше 大于
ме́ньше 小于
во ско́лько раз 多少倍
переме́нный 可变的; 不定的
отме́тить（СВ）—отмеча́ть（НСВ）标出, 登记; 记下来
координа́тный 坐标的
прямо́й 直的
промежу́ток 间隙, 区间
различи́ть（СВ）—различа́ть（НСВ）识别, 区分
стро́гое нера́венство 严格不等式
нестро́гое нера́венство 非严格不等式
двойно́е нера́венство 双边不等式

Уро́к 4　Дро́би
第4课　分数

1. Прочита́йте текст и отве́тьте на вопро́сы.
读课文并回答问题。

Дробь в математике — это число, состоящее из одной или нескольких равных частей (долей) единицы. По способу записи дроби бывают **обыкновенные** и **десятичные**. В математической записи обыкновенной дроби число перед (над) чертой называется **числителем**, а число после черты (под чертой) — **знаменателем**. Первый (числитель) играет роль делимого, второй (знаменатель) — делителя. Обыкновенные дроби с целыми числителями и ненулевыми знаменателями образуют множество **рациональных** чисел.

Вопро́сы:
(1) Что такое дробь?
(2) Что называют дробью?
(3) Какие бывают дроби?
(4) Что такое числитель?
(5) Что такое знаменатель?
(6) Что называют числителем?

（7）Что называют знаменателем?

（8）Какую роль играет числитель дроби?

（9）Какую роль играет знаменатель дроби?

（10）Какое множество образуют обыкновенные дроби с целыми числителями и ненулевыми знаменателями?

	$\frac{1}{2}$ —дробь
	числитель = 1
	знаменатель = 2
	сколько（ж. р.）/ какая（ж. р.）
	$\frac{1}{2}$ = одна / вторая
	$\frac{31}{12}$ = тридцать одна двенадцатая

Запомните чтение дробей!

$\frac{a}{b}$ —это обыкновенная дробь.	
a—1	a—2, 3, 4, 5, 6, 7, 8, 9…20
сколько?（И. п.）/ какая?（И. п.）	сколько?（И. п.）/ каких?（Р. п. мн. ч.）

2. Прочитайте дроби, обратите внимание на окончания знаменателей.

读下列分数，请注意分母的变化。

Одна + И. п. ед. ч. (-ая, -ья)		Две—двадцать + Р. п. мн. ч. (-ых, -их)	
$\frac{1}{2}$	одна вторая	$\frac{2}{3}$	две третьих
$\frac{1}{3}$	одна третья	$\frac{2}{10}$	две десятых
$\frac{1}{4}$	одна четвёртая	$\frac{2}{100}$	две сотых
$\frac{1}{5}$	одна пятая	$\frac{2}{1\,000}$	две тысячных
$\frac{1}{6}$	одна шестая	$\frac{3}{4}$	три четвёртых
$\frac{1}{7}$	одна седьмая	$\frac{3}{5}$	три пятых

$\frac{1}{8}$	одна восьмая	$\frac{3}{11}$	три одиннадцатых
$\frac{1}{9}$	одна девятая	$\frac{4}{7}$	четыре седьмых
$\frac{1}{10}$	одна десятая	$\frac{5}{2}$	пять вторых
$\frac{21}{10}$	двадцать одна десятая	$\frac{5}{21}$	пять двадцать первых
$\frac{1}{100}$	одна сотая	$\frac{5}{10}$	пять десятых
$\frac{1}{1\,000}$	одна тысячная	$\frac{5}{100}$	пять сотых
$\frac{5}{1\,000}$	пять тысячных	$\frac{9}{10}$	девять десятых

3. Выполните задание по модели. Прочитайте дроби. Найдите числители и знаменатели.

请按照示例读出下列分数,并指出分子和分母。

Модель: $\frac{1}{2}$ —это дробь, 1—это числитель, 2— это знаменатель.

(1) $\frac{4}{5}$

(2) $\frac{18}{19}$

(3) $\frac{17}{20}$

(4) $\frac{35}{76}$

(5) $\frac{9}{100}$

(6) $\frac{58}{149}$

(7) $\frac{97}{200}$

(8) $\frac{65}{703}$

(9) $\frac{7}{1\,000}$

(10) $\frac{43}{8\,067}$

4. Слушайте и повторяйте дроби.

听并读出下列分数。

(1) $\frac{1}{4}$

(2) $\frac{21}{14}$

(3) $\frac{1}{103}$

(4) $\frac{1}{6}$

(5) $\frac{31}{20}$

(6) $\dfrac{61}{7}$

(7) $\dfrac{1}{9}$

(8) $\dfrac{41}{3}$

(9) $\dfrac{1}{40}$

(10) $\dfrac{101}{87}$

5. Прочитайте дроби и напишите словами.
读并写出下列分数。

Модель:

$\dfrac{1}{10}$ — одна десятая

$\dfrac{21}{15}$ — двадцать одна пятнадцатая

(1) $\dfrac{1}{3}$ (7) $\dfrac{31}{42}$

(2) $\dfrac{81}{4}$ (8) $\dfrac{41}{2}$

(3) $\dfrac{1}{14}$ (9) $\dfrac{71}{13}$

(4) $\dfrac{1}{5}$ (10) $\dfrac{51}{100}$

(5) $\dfrac{61}{8}$ (11) $\dfrac{31}{4}$

(6) $\dfrac{91}{11}$ (12) $\dfrac{1}{40}$

	числитель > 1
	числитель = 1
	сколько (ж. р.) / каких (Р. п. мн. ч.)
	$\dfrac{3}{2}$ = три / вторых
	$\dfrac{4}{3}$ = четыре / третьих

6. Слушайте и повторяйте дроби.

听并读出下列分数。

(1) $\dfrac{2}{4}$ (6) $\dfrac{46}{19}$ (11) $\dfrac{85}{124}$

(2) $\dfrac{5}{11}$ (7) $\dfrac{8}{11}$ (12) $\dfrac{14}{7}$

(3) $\dfrac{42}{13}$ (8) $\dfrac{4}{9}$ (13) $\dfrac{28}{30}$

(4) $\dfrac{3}{5}$ (9) $\dfrac{16}{40}$ (14) $\dfrac{26}{30}$

(5) $\dfrac{7}{14}$ (10) $\dfrac{9}{16}$ (15) $\dfrac{10}{32}$

7. Прочитайте дроби и напишите словами.

读并写出下列分数。

(1) $\dfrac{2}{8}$ (7) $\dfrac{8}{13}$

(2) $\dfrac{10}{15}$ (8) $\dfrac{5}{23}$

(3) $\dfrac{9}{53}$ (9) $\dfrac{7}{3}$

(4) $\dfrac{6}{11}$ (10) $\dfrac{6}{43}$

(5) $\dfrac{3}{7}$ (11) $\dfrac{7}{20}$

(6) $\dfrac{45}{13}$ (12) $\dfrac{24}{30}$

Правильные и неправильные дроби

$\dfrac{1}{2}$ — это правильная дробь.

$\dfrac{2}{1}$ — это неправильная дробь.

$\dfrac{2}{2}$ — это неправильная дробь.

Правильная дробь—это обыкновенная дробь, числитель которой меньше знаменателя.

Неправильная дробь—это обыкновенная дробь, числитель которой не меньше (больше) знаменателя или равен знаменателю.

8. Прочитайте и напишите дроби, определите, это правильная или неправильная дробь.

读并写出下列分数,并区分真分数和假分数。

（1）одна третья

（2）восемь восьмых

（3）пять сто тридцать первых

（4）одиннадцать четырнадцатых

（5）двадцать шесть пятых

（6）десять одиннадцатых

（7）сорок три вторых

（8）шестнадцать девятых

（9）сорок одна сотая

（10）две седьмых

Смешанная дробь

Смешанная дробь—это дробь, в которой имеется целая часть и правильная (по модулю меньшая единицы) дробная часть. Пример: $5\frac{1}{3}$.

$\frac{3}{2} \to 1\frac{1}{2}$

Неправильную дробь $\frac{3}{2}$ можно записать как смешанную дробь $1\frac{1}{2}$.

$1\frac{1}{2}$ — это смешанная дробь: 1—это целая часть, $\frac{1}{2}$—это дробная часть.

	$1\frac{1}{2}$
	1—целая часть
	$\frac{1}{2}$—дробная часть
	одна целая $\frac{\text{сколько(ж. р.)}}{\text{какая(ж. р.)}}$
	одна целая $\frac{\text{одна}}{\text{вторая}}$
	$1\frac{2}{3}$
	одна целая $\frac{\text{сколько(ж. р.)}}{\text{каких(Р. п. мн. ч.)}}$
	одна целая $\frac{\text{две}}{\text{третьих}}$

9. Слушайте и повторяйте дроби.
听并重复下列分数。

(1) $1\frac{1}{2}$ — одна целая одна вторая

(2) $101\frac{1}{12}$ — сто одна целая одна двенадцатая

(3) $1\frac{1}{6}$ — одна целая одна шестая

(4) $91\frac{1}{11}$ — девяносто одна целая одна одиннадцатая

(5) $21\frac{1}{14}$ — двадцать одна целая одна четырнадцатая

(6) $61\frac{31}{48}$ — шестьдесят одна целая тридцать одна сорок восьмая

(7) $81\frac{21}{45}$ — восемьдесят одна целая двадцать одна сорок пятая

(8) $1\frac{1}{19}$ — одна целая одна девятнадцатая

(9) $51\frac{1}{8}$ — пятьдесят одна целая одна восьмая

(10) $1\frac{1}{90}$ — одна целая одна девяностая

10. Прочитайте дроби и напишите словами.
读并写出下列分数。

(1) $1\frac{21}{22}$

(2) $81\frac{41}{106}$

(3) $1\frac{1}{40}$

(4) $1\frac{1}{5}$

(5) $21\frac{31}{40}$

(6) $71\frac{61}{70}$

(7) $51\frac{1}{8}$

(8) $61\frac{91}{101}$

(9) $1\frac{1}{15}$

(10) $41\frac{31}{98}$

11. Слушайте и повторяйте дроби.
听并重复下列分数。

(1) $2\frac{2}{3}$ — две целых две третьих

(2) $8\frac{9}{45}$ — восемь целых девять сорок пятых

(3) $2\frac{2}{4}$ — две целых две четвёртых

(4) $9\frac{8}{72}$ — девять целых восемь семьдесят вторых

(5) $2\frac{2}{7}$ — две целых две седьмых

(6) $12\frac{4}{11}$ — двенадцать целых четыре одиннадцатых

(7) $6\frac{3}{5}$ — шесть целых три пятых

(8) $54\frac{7}{13}$ — пятьдесят четыре целых семь тринадцатых

(9) $3\frac{8}{33}$ — три целых восемь тридцать третьих

(10) $7\frac{3}{8}$ — семь целых три восьмых

12. Прочитайте дроби и напишите словами.
读并写出下列分数。

(1) $4\frac{1}{3}$ 　　　　　　　　　　　　(6) $8\frac{2}{5}$

(2) $72\frac{62}{60}$ 　　　　　　　　　　　(7) $10\frac{2}{7}$

(3) $11\frac{2}{5}$ 　　　　　　　　　　　　(8) $703\frac{15}{90}$

(4) $3\frac{1}{4}$ 　　　　　　　　　　　　(9) $7\frac{1}{3}$

(5) $9\frac{1}{13}$ 　　　　　　　　　　　(10) $34\frac{9}{27}$

13. Прослушайте текст. Прочитайте все дроби. Определите, какие это дроби и объясните почему.
听课文,读出所有分数,判断分数类型并说明原因。

Число $\frac{3}{4}$ — это обыкновенная дробь. Это правильная дробь, так как её числитель меньше, чем её знаменатель.

Число $\frac{5}{5}$ — это обыкновенная дробь. Это неправильная дробь, так как её числитель не меньше, чем её знаменатель.

Число $\frac{6}{4}$ — это обыкновенная дробь. Это неправильная дробь, так как её числитель больше, чем её знаменатель. Неправильную дробь $\frac{6}{4}$ можно записать как смешанную дробь $1\frac{2}{4}$.

Число $1\frac{2}{4}$ — это смешанная дробь, так как она имеет целую часть и дробную часть.

Вопросы:

(1) Число 3 — это знаменатель дроби $\frac{3}{4}$?

(2) Число 5 — это числитель или знаменатель дроби $\frac{5}{5}$?

(3) Число 4 — это знаменатель дроби $\frac{6}{4}$?

(4) 1 — это целая или дробная часть дроби $1\frac{2}{4}$?

14. Выполните задание по модели.
按示例完成习题。

Модель:

$\frac{1}{4}$ — это правильная дробь, так как числитель меньше, чем знаменатель.

$\frac{5}{2}$ — это неправильная дробь, так как числитель больше, чем знаменатель.

$1\frac{3}{5}$ — это смешанная дробь, так как дробь имеет целую и дробную части.

(1) $\frac{2}{9}$ (6) $\frac{8}{17}$

(2) $\frac{8}{3}$ (7) $\frac{31}{58}$

(3) $4\frac{1}{12}$ (8) $1\frac{6}{17}$

(4) $\frac{1}{13}$ (9) $\frac{89}{5}$

(5) $7\frac{3}{9}$ (10) $\frac{127}{3}$

15. Прочитайте текст и ответьте на вопросы.
读课文并回答问题。

Десятичные дроби — это дробные числа, представленные в десятичной записи. Такие дроби обычно записывают без знаменателя, а значение каждой цифры зависит от места, на котором она стоит. Для таких дробей целая часть отделяется запятой, а после запятой должно быть столько цифр, сколько нулей имеет единица в знаменателе обыкновенной дроби. Цифры дробной части называются десятичными знаками.

Десятичные дроби читают так же, как и обыкновенные, но с обязательным указанием целых единиц. Целая часть отделяется от дробной части запятой. В десятичной дроби после запятой стоит столько же цифр, сколько нулей в знаменателе соответствующей ей обыкновенной дроби, например: $\frac{7}{10}$ (семь десятых) = 0,7 (ноль целых семь десятых).

$4\frac{127}{1\,000}$ (четыре целых сто двадцать семь тысячных) = 4,127 (четыре целых сто двадцать семь).

Вопросы:

(1) Что такое десятичные дроби?

(2) Как записываются десятичные дроби?

(3) Сколько цифр после запятой в десятичной дроби?

(4) Как называются цифры дробной части?

(5) Как читают десятичные дроби?

$2,05 = 2\frac{5}{100}$	
2,05 — десятичная дробь	
две целых пять сотых	две целых ноль пять
0 (ноль) целых $\frac{сколько}{десятых}$	
0,1 — ноль целых одна десятая	ноль целых один
$\frac{сколько}{сотых}$	
1,01 — одна целая одна сотая	одна целая ноль один
$\frac{сколько}{тысячных}$	
5,025 — пять целых двадцать пятых тысячных	пять целых ноль двадцать пять

16. Слушайте и повторяйте десятичные дроби.

听并重复下列小数。

(1) 2,01 — две целых одна сотая / две целых ноль один

(2) 5,013 — пять целых тринадцать тысячных / пять целых ноль тринадцать

(3) 3,003 — три целых три тысячных / три целых два нуля три

(4) 1,4 — одна целая четыре десятых / одна целая четыре

(5) 34,1 — тридцать четыре целых одна десятая / тридцать четыре целых один

(6) 0,345 6 — ноль целых три тысячи четыреста пятьдесят шесть десятитысячных / ноль целых тридцать четыре пятьдесят шесть

17. Прочитайте и напишите десятичные дроби словами.

读并写出下列小数。

(1) 1,6　　　　　(6) 8,042　　　　(11) 6,37

(2) 2,04　　　　 (7) 5,3　　　　　(12) 683,396

(3) 4,003　　　　(8) 9,14　　　　 (13) 11,3

(4) 0,7　　　　　(9) 17,385　　　 (14) 15,95

(5) 6,05　　　　 (10) 8,1　　　　 (15) 45,019

18. Напишите десятичные дроби цифрами.

写出下列小数。

(1) одна целая двенадцать сотых;

(2) ноль целых шестьсот тридцать две тысячных;

(3) пять целых четыре десятитысячных;

(4) две целых пять тысяч двадцать три десятитысячных;

(5) три целых восемнадцать сотых;

(6) одна целая шесть десятых;

(7) двадцать две целых сорок девять сотых;

(8) ноль целых пятьсот девяносто семь тысячных;

(9) три целых восемьдесят пять сотых;

(10) две целых семь тысяч три десятитысячных.

Сокращение дроби 约分

Сократить дробь — значит разделить числитель и знаменатель дроби на одинаковое число.

Сократим дробь $\frac{11}{22}$ на 11. Числовое значение дроби $\frac{11}{22}$ не меняется: $\frac{11}{22} = \frac{1}{2}$. На какие числа можно сократить дробь?

$\frac{11}{22}$ — это сократимая дробь, так как её можно сократить.

$\frac{5}{9}$ — это несократимая дробь, так как её нельзя сократить.

	Чтобы + инфинитив, нужно + инфинитив.
	Чтобы сократить дробь, нужно числитель и знаменатель разделить на одно и то же число

19. Выполните задания по модели. Прочитайте дроби. Определите, какие это дроби и объясните почему.

根据示例完成习题,读下列分数,判断分数类型并说明原因。

Модель:

$\frac{3}{6}$ — три шестых — это сократимая дробь, так как её можно сократить на 3.

(1) $\frac{10}{20}$ (3) $\frac{17}{19}$

(2) $\frac{4}{7}$ (4) $\frac{1}{2}$

(5) $\dfrac{25}{1\,000}$

(6) $\dfrac{61}{62}$

(7) $\dfrac{72}{63}$

(8) $\dfrac{13}{39}$

(9) $\dfrac{201}{102}$

(10) $\dfrac{8}{200}$

20. **Выполните задание по модели.**

根据示例完成习题。

Модель:

Чтобы сократить дробь $\dfrac{8}{12}$, нужно числитель и знаменатель разделить на 4.

$\dfrac{8}{12} = \dfrac{2}{3}$ (дробь $\dfrac{8}{12}$ равна дроби $\dfrac{2}{3}$)

(1) $\dfrac{5}{10}$

(2) $\dfrac{4}{16}$

(3) $\dfrac{6}{15}$

(4) $\dfrac{2}{4}$

(5) $\dfrac{14}{21}$

(6) $\dfrac{12}{18}$

(7) $\dfrac{3}{6}$

(8) $\dfrac{8}{20}$

(9) $\dfrac{9}{15}$

(10) $\dfrac{7}{49}$

Новые слова

обыкнове́нная дробь 简分数

десяти́чная дробь 小数，十进制小数

числи́тель（阳）分子

знамена́тель（阳）分母

ненулево́й 非零的

образова́ть（НСВ, СВ）构成，形成

рациона́льное число́ 有理数

пра́вильная дробь 真分数

непра́вильная дробь 假分数

сме́шанная дробь 带分数

предста́вленный 被提出的；是，系

отделя́ться（НСВ）—отдели́ться（СВ）分开

запята́я 逗号；小数点

указа́ние 指数；说明，指明

соотве́тствующий 相应的, 有关的

сокраще́ние дро́би 约分

сократи́мая дробь 可约分的分数

несократи́мая дробь 不可约分的分数

Урок 5 Возведение в степень
第5课 乘方

Возведение в степень—арифметическая операция, первоначально определяемая как результат многократного умножения числа на себя.

	a^n
	a—основание степени
	n—показатель степени
	a^1—а в степени 1 / а в первой степени

1. Прочитайте выражения.
读下列表达式。

число	как читать?	
a^0	а в степени (П. п.) ноль	а в нулевой степени (П. п.)
a^1	а в степени один	а в первой степени
a^2	а в степени два	а во второй степени
a^3	а в степени три	а в третьей степени
a^p	а в степени пэ	—
a^{-5}	а в степени минус пять	а в степени минус пятой степени
$a^{1/2}$	а в степени одна вторая	—
a^{x-y}	а в степени икс минус игрек	—
a^{2d}	а в степени два дэ	—

(В среднем столбце знак равенства "=")

Выражения, показатель степени которых обозначен целым числом, читаются двумя способами. Выражения, показатель степени которых обозначен другим способом (буквой, нецелым числом), читаются одним способом.

	Вторая степень числа называется квадратом. $5^2 = 5 \cdot 5 = 25$ Третья степень числа называется кубом. $5^3 = 5 \cdot 5 \cdot 5 = 125$

Вторую и третью степень числа можно читать ещё так!

число	как читать?		
b^2	бэ в квадрате	=	бэ квадрат
c^2	цэ в квадрате	=	цэ квадрат
x^3	икс в кубе	=	икс куб
y^3	игрек в кубе	=	игрек куб
z^3	зэт в кубе	=	зэт куб

Запомните!

$a^1 = a$	Любое число в степени 1 (в первой степени) равно само себе.
$0^n = 0$	Нуль в любой степени равен нулю.
$a^0 = 1$	Любое число в нулевой степени равно единице.
$(-a)^{чётн.} = +b$	Чётная степени отрицательного числа—положительное число.
$(-a)^{нечётн.} = -b$	Нечётная степень отрицательного числа—отрицательное число.

2. Слушайте и повторяйте.
听并重复。

(1) a^2 — а квадрат, а в квадрате

(2) a^3 — а куб, а в кубе

(3) a^1 — а в первой степени, а в степени 1

(4) a^6 — а в шестой степени, а в степени 6

(5) a^0 — а в степени 0

(6) a^{-1} — а в степени минус один

(7) a^{-2} — а в степени минус два

(8) a^{-4} — а в степени минус четыре

(9) a^{x+y} — а в степени икс плюс игрек

(10) x^{2a} — икс в степени два а

3. Слушайте и повторяйте.
听并重复。

(1) 5^6 — 5 в шестой степени / 5 в степени шесть

(2) a^0 — а в нулевой степени / а в степени нуль

(3) a^4 — а в четвёртой степени / а в степени четыре

(4) a^5 — а в пятой степени / а в степени пять

(5) a^2 — а квадрат / а в квадрате

(6) a^3 — а куб / а в кубе

4. Прочитайте и напишите словами.
读并写出俄语表达。

(1) a^2 (7) a^8 (13) a^{-2}

(2) a^3 (8) b^2 (14) a^{-3}

(3) a^4 (9) b^3 (15) a^{n+14}

(4) a^5 (10) b^4 (16) z^{x-y}

(5) a^6 (11) b^5 (17) y^{n-2}

(6) a^7 (12) c^n (18) x^{n-2}

5. Прочитайте текст и ответьте на вопросы.
读课文并回答问题。

Число бэ в квадрате (b^2). Бэ — это основание степени, 2 — это показатель степени. Это целый и натуральный показатель, потому что 2 — это целое и натуральное число.

Число 17 в минус чёвертой степени (17^{-4}). 17 — это основание степени. −4 — это показатель степени. Это целый и отрицательный показатель, так как −4 — это целое и отрицательное число.

Число девяносто три в степени четыре пятых ($93^{\frac{4}{5}}$). 93 — это основание степени, $\frac{4}{5}$ — это показатель степени. Это дробный показатель, потому что $\frac{4}{5}$ — это дробь.

Вопросы:

(1) Число b^2. Назовите основание степени и показатель степени.

(2) 2 — это отрицательный показатель? Почему?

(3) Число 17^{-4}. Назовите основание степени и показатель степени.

(4) −4 — это положительный показатель? Почему?

(5) Число $93^{\frac{4}{5}}$. Назовите основание степени и показатель степени.

(6) Какой показатель степени $\frac{4}{5}$? Почему?

6. Прочитайте и запишите числа цифрами.
读并写出表达式。

(1) игрек в кубе;

(2) двадцать в степени минус пять;

(3) тринадцать квадрат;

(4) дэ в степени восемь девятых;

(5) а в степени ноль;

(6) тридцать шесть в квадрате;

(7) семь в степени сорок девять;

(8) икс в степени минус тридцать четыре;

(9) зэт куб;

(10) пять шестых в степени минус семь.

Формулы
$(a+b)^n$ — сумма чисел а и бэ в n-ой степени $(a-b)^n$ — разность чисел а и бэ в n-ой степени $a^n + b^n$ — сумма а в степени эн и бэ в степени эн $a^n - b^n$ — разность а в степени эн и бэ в степени эн $a^m + b^n$ — сумма а в степени эм и бэ в степени эн $a^m - b^n$ — разность а в степени эм и бэ в степени эн

7. Слушайте и повторяйте.

听并重复.

$(a+b)^2$ — квадрат суммы чисел а и бэ

$(a-b)^2$ — квадрат разности чисел а и бэ

$a^2 + b^2$ — сумма квадратов чисел а и бэ

$a^2 - b^2$ — разность квадратов чисел а и бэ

$(a+b)^3$ — куб суммы чисел а и бэ

$(a-b)^3$ — куб разности чисел а и бэ

$a^3 + b^3$ — сумма кубов чисел а и бэ

$a^3 - b^3$ — разность кубов чисел а и бэ

8. Прочитайте и напишите словами.

读并写出俄语表达。

(1) a^n (6) xy^2 (11) $a^2 + b^2$

(2) b^{n+7} (7) y^{n+1} (12) 4^3

(3) a^2 (8) b^{-2} (13) 2^6

(4) $(a+b)^3$ (9) $2m^2$ (14) $x^m + y^n$

(5) $m^2 n$ (10) $y^2 n^{-1}$ (15) $(a-b)^2$

Новые слова

возведéние 乘方; 建造

сте́пень(阴)幂,比率
первонача́льно 最初,起初
многокра́тный 多倍的;多次的
основа́ние сте́пени 幂的基数
показа́тель сте́пени 幂的指数
квадра́т 平方,二次方
куб 立方,三次方

Урок 6　Извлечение корня
第6课　方根

Извлечением корня называется нахождение значения **корня**. Итак, **извлечение корня** n-ой степени из числа а—это нахождение числа бэ, n-ая степень которого равна а. Когда такое число бэ найдено, то можно утверждать, что мы **извлекли корень.**

	$\sqrt[n]{a}$
	$\sqrt{}$ —знак корня
	a —подкоренное выражение, подкоренное число
	n —показатель корня
	Корень какой степени из чего (Р. п)
	Корень степени ... из чего (Р. п.)

знак	Как читать?	
$\sqrt{}$	корень второй степени	квадратный корень
$\sqrt[3]{}$	корень третьей степени	кубический корень
$\sqrt[4]{}$	корень четвёртой степени	—
$\sqrt[5]{}$	корень пятой степени	—

корень чего (Р. п.) из чего (Р. п.)=
какой корень из чего (Р. п.)

1. Слушайте и повторяйте.
听并重复。

выражение	как читать?	
$\sqrt{a}$	корень второй степени из а	корень квадратный из а
$\sqrt[3]{a}$	корень третьей степени из а	корень кубический из а
$\sqrt[4]{a}$	корень четвёртой степени из а	____
$\sqrt[5]{a}$	корень пятой степени из а $=$	____
$\sqrt[\frac{1}{2}]{a}$	корень степени одна вторая из а	____
$\sqrt[n+1]{a}$	корень степени эн плюс один из а	____
$\sqrt[n-1]{a}$	корень степени эн минус один из а	____

2. Назовите подкоренное число и показатель корня.
请仿照示例说出被开方数和指数。

Модель:

$\sqrt{a}$ — Квадратный корень из числа а. Число a — это подкоренное число, 2 — это показатель корня.

(1) $\sqrt{4}$ (8) $\sqrt[10]{m+1}$

(2) $\sqrt[3]{6}$ (9) $\sqrt[6]{z+y}$

(3) $\sqrt[n]{9}$ (10) $\sqrt[3]{a-b}$

(4) $\sqrt{5}$ (11) $\sqrt{20y}$

(5) $\sqrt[5]{15}$ (12) $\sqrt[m-1]{18}$

(6) $\sqrt[n+1]{17x}$ (13) $\sqrt[4]{17a}$

(7) $\sqrt{a+b}$ (14) $\sqrt{16b}$

3. Прочитайте и запишите выражения цифрами и знаками.
读下列表达并用数字和符号写出表达式。

(1) корень второй степени из тридцати двух;

(2) кубический корень из восьми;

(3) корень четвёртой степени из восьмидесяти одного;

(4) корень степени две шестых из дэ;

(5) корень третьей степени из шестидесяти четырёх;

(6) квадратный корень из двадцати пяти;

(7) корень седьмой степени из ста двадцати восьми;

(8) корень степени a+b из числа цэ;

(9) корень шестой степени из семисот двадцати девяти;

(10) кубический корень из ста двадцати пяти.

	корень чего (Р. п.) из чего (Р. п.) равен чему (Д. п.)
	$\sqrt{25} = 5$ — Корень второй степени (квадратный корень) из двадцати пяти равен пяти.

4. Прочитайте равенство. Определите падежи слов, входящих в данную конструкцию.
读下列等式并判断等式包含的单词的格。

(1) $\sqrt[5]{32} = 2$

(2) $\sqrt{9} = 3$

(3) $\sqrt[8]{256} = 2$

(4) $\sqrt[4]{4\,096} = 8$

(5) $\sqrt{36} = 6$

(6) $\sqrt[4]{2\,401} = 7$

(7) $\sqrt[3]{3\,375} = 15$

(8) $\sqrt{100} = 10$

(9) $\sqrt[4]{256} = 4$

(10) $\sqrt{400} = 20$

Новые слова

кóрень（阳）根

извлечéние кóрня 方根

утверждáть（НСВ）—утвердúть（СВ）确定

извлéчь（СВ）—извлекáть（НСВ）开方;抽出

подкореннóй 根号下的

квадрáтный 平方的,二次方的

кубúческий 立方的,三次方的

Раздел 2　Язык информатики
第 2 章　计算机篇

Урок 1　Устройства компьютера
第 1 课　计算机设备

1. **Рассмотрите картинку. Назовите слова и покажите соотвествующие предметы.**
   看图，读单词并指出相对应的部分。

Устройства компьютера: устройства ввода информации, устройства вывода информации, устройства хранения информации.

Устройства ввода информации:	Устройства вывода информации:	Устройства хранения информации:
клавиатура	монитор	флешка
мышь	принтер	жёсткий диск
сканер	динамик	компакт-диск
микрофон	наушники	

2. Прочитайте названия и найдите соответствующие картинки.
读下列名称并找出相对应的图片。

А. жёсткий диск   Б. Интернет   В. клавиатура   Г. колонки

Д. компьютер   Е. микрофон   Ж. монитор   З. мышь

И. наушники   К. ноутбук   Л. планшет   М. принтер

Н. компакт-диск   О. системный блок   П. сканер   Р. флешка

(1) _____   (2) _____   (3) _____   (4) _____

(5) _____   (6) _____   (7) _____   (8) _____

(9) _____   (10) _____   (11) _____   (12) _____

(13) _____   (14) _____   (15) _____   (16) _____

3. Закончите предложения.
续写句子。

Устройства ввода информации—это _____.

Устройства вывода информации—это _____.

Устройства хранения информации—это _____.

4. Отгадайте загадки. Запишите ответы.
猜谜语并写出答案。

Что за друг такой железный,
Интересный и полезный.
Дома скучно, нет уюта,
Если выключен ...   Ответ: _____

У компьютера рука
На верёвочке пока.
Как приветливый мальчишка,
Кто вам тянет руку? ...   Ответ: _____

Много клавиш есть на ней.
Набирай слова скорей!
Вот где пальцам — физкультура.
Это что? ...   Ответ: _____

Печатаю буквы, рисую цветочки,
И фото для вас напечатаю срочно.
Стою на столе я в конторе и дома.
Ну, что догадались? Со мной вы знакомы?   Ответ: _____

В нём есть игры и соцсети,
Фильмы, почта, курс валют.
Есть все новости планеты,
В нём танцуют и поют.   Ответ: _____

Он как маленький компьютер:
В нём есть игры, Интернет.
Тонкий, лёгкий и удобный,
Называется...   Ответ: _____

С ней учиться и работать
Информацию хранить,
Легче, радостней, комфортней
Нам всем станет проще жить.
В памяти её хранятся
Нужные тебе моменты,
Фото, музыка, кино
И другие документы.

Ответ:_____

5. Прочитайте текст и ответьте на вопросы.
读课文并回答问题。

Современный компьютер

Сегодня почти в каждом доме есть компьютер. Некоторым он нужен для работы, а другим для общения и проведения досуга. Однако ещё 100 лет назад люди и слова "компьютер" не знали.

Только в 1946 году в США собрали первый в мире компьютер, который предназначался для армии и был очень большой. На его строительство ушло около полумиллиона долларов. Над ним работали примерно три года. Он весил 28 тонн. А охлаждался первый компьютер авиационными двигателями. В 1950 году группой Лебедева в Киеве была создана первая советская электронная вычислительная машина (ЭВМ).

Создание первых персональных компьютеров стало возможно только в 1970-х годах. Во второй половине 1970-х годов появляются удачные образцы микрокомпьютеров американской фирмы Apple, но широкое распространение персональные компьютеры получили с созданием в августе 1981 фирмой Ай-Би-Эм (IBM) модели микрокомпьютера IBM PC.

В персональный компьютер (ПК) входят материнская плата, блок питания, оперативная память, процессор, видеоадаптер, жёсткий диск, дисковод, платы расширения.

Человек взаимодействует с персональным компьютером уже более 40 лет. До недавнего времени в этом процессе могли участвовать только специалисты: инженеры, программисты, операторы. Сейчас ситуация изменилась, в роли пользователя может быть любой человек: школьник и домохозяйка, врач и учитель, рабочий и инженер. Бытовые персональные компьютеры используют в домашних условиях. Их основное назначение — обеспечить несложные расчёты, выполнить функции записной книжки, вести личную картотеку, обучать, обеспечивать доступ к Интернету. Сейчас компьютер чаще используют как средство развлечения — для игр, для просмотра видео, для общения в социальных сетях.

Профессиональные персональные компьютеры используют в конкретной профессиональной сфере, все их программные и технические средства ориентированы на конкретную профессию.

Компьютер занял важное место в нашей жизни. Он стал верным помощником, который помогает облегчить работу, разнообразить досуг, стал незаменимым источником информации и её хранителем!

Вопросы:

（1）Для чего компьютер нужен людям?

（2）Когда собрали первый компьютер?

（3）Сколько стоил и сколько весил первый компьютер?

（4）Когда был создан персональный компьютер?

（5）Что входит в персональный компьютер?

（6）Какое назначение у бытовых компьютеров?

	Что（В. п.）используют для **чего**（Р. п） **Что**（И. п.）служит для **чего**（Р. п）

6. Составьте предложения по модели.

仿照示例完成句子。

Модель: Клавиатура—это устройство ввода информации.

это устройство используют для ввода информации.

это устройство служит для ввода информации.

（1）Монитор—

（2）Наушники—

（3）Сканер—

（4）Мышь—

（5）Флешка—

（6）Принтер—

（7）Жёсткий диск—

（8）Микрофон—

7. Поставьте вместо пропуска соответствующие слова（ввод / вывод）.

用（ввод / вывод）的适当形式填空。

Модель: Что—это устройство, которое служит для чего информации.

（1）Колонки—это устройство, которое служит для _____ информации.

（2）Клавиатура—это устройство, которое служит для _____ информации.

（3）Микрофон—это устройство, которое служит для _____ информации.

（4）Сканер—это устройство, которое служит для _____ информации.

（5）Принтер—это устройство, которое служит для _____ информации.

（6）Наушники—это устройство, которое служит для _____ информации.

（7）Монитор—это устройство, которое служит для _____ информации.

（8）Мышь—это устройство, которое служит для _____ информации.

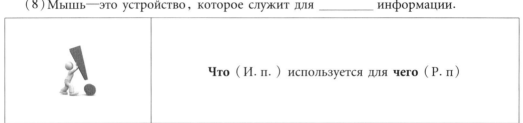	**Что** (И. п.) используется для **чего** (Р. п)

8. Прочитайте текст и определите выражения по модели.
读课文并按照示例判断以下说法是否正确。

Персональный компьютер имеет **основные** устройства: системный блок, монитор, клавиатура, мышь.

К нему могут подключатся **дополнительные** устройства ввода и вывода информации, например, звуковые колонки, принтер, сканер...

Системный блок—основной блок компьютерной системы. В нём располагаются устройства, которые называют **внутренними**. Устройства, подключаемые к системному блоку снаружи, называются внешними.

Модель: Мышь—это внешнее устройство компьютера.

—Да, это верно. Мышь—это внешнее устройство. Оно используется для ввода информации.

Сканер—это устройство вывода информации.

—Нет, это неверно. Сканер—это внешнее устройство. Оно используется для ввода информации.

（1）Клавиатура—это внутреннее устройство компьютера.

（2）Монитор—это внутреннее устройство компьютера.

（3）Принтер—это основное устройство компьютера.

（4）Наушники—это дополнительное устройство компьютера.

（5）Флешка—это устройство хранения информации.

（6）Жёсткий диск—это устройство хранения информации.

9. Прочитайте текст и ответьте на вопросы.
读课文并回答问题。

Текстовая информация—это информация, представленная в форме текстового сообщения, которое написано или напечатано. Здесь кодирование речи выполняется с помощью специальных символов—букв. Закодировать информацию, представив её в виде текста, можно с помощью алфавитов всех существующих естественных языков, на которых общаются между собой люди.

Информация передаётся и воспринимается в разной форме, поэтому она бывает **числовая**, **графическая** и **звуковая**. **Числовая**—в виде цифр и знаков (символов), обозначающих математические действия. **Графическая**—в виде изображений, предметов, графиков. **Звуковая**—устная или в виде записи и передачи слов языка звуковым способом.

Числовая информация—это количественное отображение свойств объектов окружающего мира. Все характеристики объекта, которые можно представить в виде чисел: масса, высота, скорость передвижения.

Графическая информация. Это рисунок, картина, а также слайд на фотоплёнке и полученная по нему аналоговая фотография. Изображение кодируется в цифровую форму с использованием элементарных геометрических объектов, таких как точки, линии, сплайны, многоугольники или матрицы фиксированного размера, состоящие из точек (пикселей)...

Звуковая информация. В основе кодирования звука с использованием компьютера лежит процесс преобразования колебаний воздуха в колебания электрического тока и последующая преобразование аналогового электрического сигнала.

Комбинированная (мультимедийная) информация—такая информация, которая объединяет несколько видов информации. Например, цветная графика сочетается со звуком и текстом, с движущимися видеоизображением и трёхмерными образами.

Вопросы:

(1) Какая информация называется текстовой?

(2) Как кодируется текстовая информация?

(3) Какая информация называется числовой?

(4) Как кодируется числовая информация?

(5) Какая информация называется графической?

(6) Как кодируется графическая информация?

(7) Какая информация называется звуковой?

(8) Как кодируется звуковая информация?

10. Поставьте вместо пропуска соответствующие слова (звуковой/ графический / текстовый / числовой/ комбинированный).

用下列形容词(звуковой/ графический / текстовый / числовой/ комбинированный)的适当形式填空。

Модель: Что—это пример какой информации.

(1) Музыка—это пример _____ информации.

(2) Цифра—это пример _____ информации.

(3) Песня—это пример _____ информации.

(4) График—это пример _____ информации.

(5) Фото—это пример _____ информации.

(6) Буква—это пример _____ информации.

(7) Речь—это пример _____ информации.

(8) Рисунок—это пример _____ информации.

(9) Схема—это пример _____ информации.
(10) Таблица—это пример _____ информации.
(11) Книга—это пример _____ информации.
(12) Чертёж—это пример _____ информации.
(13) Фильм—это пример _____ информации.
(14) Число—это пример _____ информации.
(15) Видео—это пример _____ информации.

Новые слова

устро́йство 设备；构造
включа́ться（НСВ）—включи́ться（СВ）包括；列入；参加；接通
клавиату́ра 键盘
мышь（阴）鼠标
ска́нер 扫描仪
микрофо́н 麦克风
монито́р 屏幕，显示器
при́нтер 打印机
дина́мик 电动扬声器
нау́шники 耳机
флéшка 优盘
жёсткий диск 硬盘
компа́кт-диск 光盘
но́утбук 笔记本电脑
планшéт 平板仪，绘图板；平板电脑
желéзный 铁的
ую́т 舒适
привéтливый 亲切的，殷勤的
тяну́ть（НСВ）—потяну́ть（СВ）拉，扯，拽
набира́ть（НСВ）—набра́ть（СВ）积累
па́лец 手指
физкульту́ра 体育
печа́тать（НСВ）—напеча́тать（СВ）印刷；发表
контóра 事务所，办公室
догада́ться（СВ）—дога́дываться（НСВ）猜到，领悟
соцсéть（阴）社交网络
валю́та 货币
то́нкий 薄的，细的
заменя́ть（НСВ）—замени́ть（СВ）替换，替代

обидеть（СВ）—обижать（НСВ）得罪，欺负
обожать（НСВ）热爱，崇拜
комфортный 舒适的，方便的
момент 片刻，瞬间
досуг 空闲，闲暇
предназначаться（НСВ）—предназначиться（СВ）用途是，用于
весить（НСВ）称重
авиационный 航空的，空军的
двигатель（阳）发动机，引擎
персональный 个人的；个人专用的
материнская плата 主板
блок питания 供电设备
оперативная память 内存储器，操作存储器
процессор 处理器
дисковод 光驱
оператор 运算符；操作员
бытовой 日常生活的
обеспечить（СВ）—обеспечивать（НСВ）保证，保障
записной 记笔记用的
картотека 卡片集
доступ 访问；接触
просмотр 观察；浏览；检查
конкретный 具体的
ориентировать（СВ，НСВ）定向；规定目标
обходиться（НСВ）—обойтись（СВ）对待
облегчить（СВ）—облегчать（НСВ）减轻，减化
хранитель（阳）保管员
текстовый 正文的，原文的
кодирование 编码，译码（名）
закодировать（СВ）—кодировать（НСВ）编码，译码
алфавит 字母表
восприниматься（НСВ）—восприняться（СВ）领会
графический 图表的
звуковой 声音的
изображение 图像；变换式
устный 口述的，口头上的
отображение 反映，表现，绘图
передвижение 移动；改期，推迟
слайд 幻灯片；下滑，滑动

фотоплёнка 摄影胶片
ана́логовый 模拟的,类似的
элемента́рный 基础的;元素的
геометри́ческий 几何的;几何学的
сплайн 样条函数
многоуго́льник 多边形
ма́трица 矩阵,方阵
фикси́рованный 固定的;测出的
пи́ксель（阳）像素
колеба́ние 波动,振动
электри́ческий ток 电流
сигна́л 信号
комбини́рованный 混合的
мультимеди́йный 多媒体的
служи́ть（НСВ）—послужи́ть（СВ）用作,服务

Урок 2　Операционная система
第 2 课　操作系统

1. Прочитайте текст и ответьте на вопросы.
读课文并回答问题。

　　Мы вводим в компьютер два вида информации: данные и программы. Данные—это информация, которую обрабатывает и сохраняет компьютер. Компьютер обрабатывает и сохраняет данные с помощью программ. Когда мы включаем компьютер, начинают работать служебные программы. Они проверяют работу компьютера. Если все устройства работают нормально, служебные программы запускают операционную систему. Операционная система—это группа программ, которая обеспечивает взаимодействие человека с компьютером и устройств компьютера друг с другом.

Вопросы:
　　(1) Какие виды информации вы знаете?
　　(2) Что такое данные?
　　(3) С помощью чего компьютер обрабатывает и сохраняет данные?
　　(4) Для чего используются служебные программы?
　　(5) Что обеспечивает операционная система?

	обрабатывать **что**（В. п.）	обработка **чего**（Р. п）
	вводить **что**（В. п.）	ввод **чего**（Р. п）
	запускать **что**（В. п.）	запуск **чего**（Р. п）
	обеспечивать **что**（В. п.）	обеспечение **чего**（Р. п）
	включать **что**（В. п.）	включение **чего**（Р. п）
	сохранять **что**（В. п.）	сохранение **чего**（Р. п）

2. Составьте все возможные словосочетания.
用左右两列词语组成尽量多的词组。

обработка, ввод, обеспечение, запуск, сохранение, включение, обрабатывать, вводить, обеспечивать, запускать, сохранять, включать	данные компьютер взаимодействие информация программа

3. Определите, верно или неверно выражение. Если неверно, объясните почему.
判断以下说法是否正确,并说明原因。

（1）Программа—это информация, которую обрабатывает и сохраняет компьютер.

（2）Компьютер обрабатывает и сохраняет данные с помощью программ.

（3）Когда мы включаем компьютер, начинает работать операционная система.

（4）Служебные программы проверяют работу компьютера.

（5）Операционная система обеспечивает взаимодействие человека с компьютером и устройств компьютера друг с другом.

4. По модели проанализируйте словосочетания, которые входят в сложное название. Прочитайте их.
仿照示例,分析下列句子的构成。读一读。

Модель: Объём → новая программа для хранения большого объёма информации.

	объём
	объём информации（Р. п）
	большой объём информации（Р. п.）
	хранение большого объёма（Р. п.）информации（Р. п.）
	новая программа для хранения（Р. п.）большого объёма（Р. п.）информации（Р. п.）

（1）Обработка → многофункциональная программа для автоматической обработки всех текстов.

（2）Создание → современная программа для создания сложных чертежей.

（3）Хранение → удобная программа для облачного хранения любой информации.

（4）Обработка → специальная программа для качественной обработки разных изображений.

5. Прочитайте текст и ответьте на вопросы.

读课文并回答问题。

Операционная система (ОС) является основным набором программного обеспечения на компьютере.

Операционная система взаимодействует со всем оборудованием компьютера. Она обрабатывает всё, от клавиатуры и мыши до Wi-Fi, сканера и принтера. Другими словами, операционная система обрабатывает устройства ввода и вывода.

Операционная система также включает в себя множество программных продуктов, таких, как общие системные службы, библиотеки и интерфейсы прикладного программирования, которые разработчики могут использовать для написания программ.

Операционная система находится между приложениями, которые вы запускаете, и оборудованием. Она использует аппаратные драйверы в качестве интерфейса между ними. Например, когда приложение хочет что-то напечатать, оно переносит эту задачу в операционную систему. Операционная система отправляет инструкции на принтер, используя драйверы принтера для отправки правильных сигналов. Приложению, которое печатает, не нужно заботиться о том, какой принтер у вас есть, или понимать, как он работает.

Операционная система также обрабатывает многозадачность. Она контролирует, какие процессы выполняются, и распределяет их между различными процессорами, если у вас есть компьютер с несколькими процессорами или ядрами. Это позволяет нескольким процессам работать параллельно. Она также управляет внутренней памятью системы, распределяя память между запущенными приложениями.

Вопросы：

（1）Как называется основной набор программного обеспечения на компьютере?

（2）С чем взаимодействует операционная система?

（3）Что обрабатывает операционная система?

（4）Какие программные продукты включает в себя операционная система?

（5）Где находится операционная система?

（6）Через что операционная система отправляет инструкции на принтер?

（7）Какая операционная система обрабатывает многозадачность?

（8）Благодаря чему операционная система может преодолевать множество проблем?

6. Прочитайте текст и ответьте на вопросы.

读课文并回答问题。

Единицей измерения компьютерной информации принято считать **байт**. Если рассматривать компьютер как вычислительную машину, то вычисляет он с помощью более мелкой единицы, которая называется **бит.**

Бит—минимальная единица информации, представляющая собой наименьшую "порцию" памяти—1 двоичный разряд. Бит обозначает количество информации, необходимое для различения двух равновероятных событий. Значение размером в 1 бит представляет собой сообщение, уменьшающее неопределённость знания в два раза.

Байт—основная единица информации.

1 байт = 8 бит; 1 Кбайт = 2^{10} байт = 1 024 байт; 1 Мбайт = 2^{10} Кбайт = 1 024 Кбайт; 1 Гбайт = 2^{10} Мбайт = 1 024 Мбайт.

Все виды информации в компьютере обрабатываются в двоично-кодированном виде—т. е. в виде последовательности нулей и единиц, на физическом уровне представляемой в форме электрических импульсов: 1—есть импульс, 0—нет импульса.

Логические последовательности нулей и единиц представляют собой **машинный язык.**

Кодирование текстовой информации осуществляется так: каждому символу ставится в соответствие определённый уникальный числовой (двоичный) код. Таблица, устанавливающая такое соответствие, называется **таблицей кодировки символов.**

Количество различных символов (N), которые можно закодировать с помощью какой-либо таблицы кодировки, определяется числом двоичных разрядов (k), отводимых под кодирование одного символа: $N=2^k$. Наибольшее распространение получило 8-разрядное кодирование (на кодирование одного символа отводится 8 бит = 1 байт, позволяющее закодировать $N=2^8=256$ различных символов.

Наиболее распространенные 8-разрядные таблицы кодировок: ASCII (принята в качестве стандарта в MS-DOS), Windows-1251 (CP1251), КОИ-8, ISO.

Uuicode—16-разрядная кодировка символов, позволяющая закодировать 2^{16} = 65 536 различных символов.

Кодирование графической информации осуществляется с помощью минимального объекта кодирования растрового графического изображения—пикселя.

В основе кодирования цветных графических изображений лежит принцип разложения произвольного цвета на основные составляющие (например, по системе RGB: красный [Red], зелёный [Green] и синий [Blue]).

Для **кодирования звуковой информации** производится дискретизация звукового сигнала по времени (временная дискретизация, оцифровка)—разбиение непрерывной звуковой волны на отдельные короткие временные участки с измерением для каждого из них интенсивности звукового сигнала (величины амплитуды). Это выполняется аналогово-цифровым преобразователем (АЦП). При воспроизведении закодированного (оцифрованного) звука выполняется обратное преобразование цифро-аналоговым преобразователем (ЦАП) с последующим сглаживанием ступенчатого сигнала через аналоговый фильтр.

Вопросы:

(1) Что является единицей измерения компьютерной информации?

（2）Что является единицей измерения компьютера?

（3）Что обозначает бит?

（4）В каком виде обрабатываются все виды информации в компьютере?

（5）Что представляют собой логические последовательности нулей и единиц?

（6）Как называется таблица, устанавливающая соответствие между символом и уникальным числовым кодом?

（7）Какое кодирование получило наибольшее распространение?

（8）С помощью чего осуществляется кодирование графической информации?

（9）Что производится для кодирования звуковой информации?

（10）Что выполняется при воспроизведении закодированного звука?

7. Прочитайте текст и ответьте на вопросы.

读课文并回答问题。

Современные компьютеры

Современный компьютер состоит из двух основных частей—аппаратного и программного обеспечения. Аппаратная часть включает компьютер и все его принадлежности. Это монитор, клавиатура, мышь, принтер и т. д. Программным обеспечением являются "указания", чтобы управлять функциями компьютера. Программное обеспечение (операционная система), как правило, хранится на магнитных дисках, компакт-дисках или лентах. В небольших современных персональных компьютерах операционная система может быть DOS (дисковая операционная система) или "Windows".

Все цифровые компьютеры работают со сложением, вычитанием, умножением и делением чисел на невероятно высоких скоростях. Основной компьютер состоит из входного устройства, чтобы вводить данные, устройства для хранения временных результатов, пока они не потребуются (аккумулятор), арифметических и логических единиц для выполнения вычислений, памяти для хранения данных и программы в соответствии с требованиями и выходного устройства для отображения или печати данных. Блок управления используется для декодирования инструкций из программы контроля процессов памяти.

Большие успехи были сделаны в памяти компьютера с момента изобретения первого калькулятора. Вместо ранних систем, таких как магнитные ленты, стержни и барабаны, для хранения дисков используются в современных компьютерах цифровые компактные диски. Они были изобретены в 1978 году Philips, они не боятся пыли, царапин и отпечатков пальцев и сейчас широко используются, потому что имеют высокую способность к хранению.

Интегрированный чип памяти состоит из многих тысяч транзисторов. Он способен хранить и извлекать данные. Чип состоит из нескольких ячеек. Каждая ячейка содержит байт (состоящий из восьми битов). Есть два вида чипов: ПЗУ (Постоянное запоминающее устройство) и ОЗУ (Оперативное запоминающее устройство) чипы.

Расчёты обычно выполняются с использованием арифметических операций. Используются только две цифры—0 и 1 в двоичной системе вместо 0—10 в десятичной системе.

Для языка программирования необходимо преобразовать слова или инструкции в соответствующие двоичные коды. В начальных языках низкого уровня каждое действие компьютера должно быть подробно описано. В современных языках высокого уровня простая инструкция может управлять сложным действием.

Ряд языков программирования были разработаны и введены в эксплуатацию, чтобы сделать работу программиста проще. Среди них Фортран (формула перевода) для научного использования, COBOL (Common Business Oriented Language) для коммерческого использования и BASIC (для начинающих Универсальный Символический Код) для обучения.

Вопросы:

(1) Из каких частей состоит компьютер?
(2) Что входит в аппаратную часть компьютера?
(3) Для чего служит программное обеспечение?
(4) Как по-другому называется программное обеспечение?
(5) Где хранится программное обеспечение?
(6) Какой может быть операционная система для персональных компьютеров?
(7) Из чего состоит компьютер?
(8) Для чего используется блок управления компьютера?
(9) Где хранятся данные и программы компьютера?
(10) Какие есть чипы памяти?
(11) Как выполняются расчёты в компьютере?
(12) Какие вы знаете языки программирования?
(13) Для чего они предназначены?

Новые слова

вводи́ть (НСВ)—ввести́ (СВ) 输入,导入
ввод 输入端
запуска́ть (НСВ)—запусти́ть (СВ) 发射;放入
за́пуск 起动,发射
обраба́тывать (НСВ)—обрабо́тать (СВ) 加工,整理
обрабо́тка 加工,整理(名)
обеспе́чение 保证,保障
включа́ть (НСВ)—включи́ть (СВ) 列入,编入
включе́ние 列入;包括
сохраня́ть (НСВ)—сохрани́ть (СВ) 保存,保护,保持
сохране́ние 保存,维持

объём 体积，容量
многофункциональный 多功能的
программный 纲领性的；程序的
оборудование 设备
другими словами 换句话说
интерфейс 接口
прикладной 应用的
разработчик 研发人员
аппаратный 硬件的，器件的
драйвер 驱动器，驱动程序
инструкция 指令，细则
отправка 派遣，交付
заботиться（НСВ）关心
контролировать（НСВ）检查
распределять（НСВ）—распределить（СВ）分配，布置
параллельно 平行地；同时地
запущенный 忽略的；荒废的
байт 字节
вычислять（НСВ）—вычислить（СВ）计算，核算
порция 份，量，一部分
двоичный 二进制的
разновероятный 可能不同的
неопределённость（阴）不定式，不确定
бит 比特
уникальный 独一无二的，唯一的
код 密码，源代码
разрядный 放电的
минимальный 最小的，最低的
растровый 光栅的
разложение 解体，分解
дискретизация 模拟-数字转换；数字化
оцифровка 编码
разбиение 划分，分块，分解
непрерывный 连续的
интенсивность（阴）强度
амплитуда 振幅
преобразователь（阳）变换器
воспроизведение 再现，再生产
оцифрованный 编号的

сглáживание 平整, 缓和
ступéнчатый 分级的; 阶梯的
фильтр 过滤器
принадлéжность (阴) 归属; 特征; 属性
управля́ть (НСВ) — упрáвить (СВ) 操纵, 控制, 支配
как прáвило 通常, 一般
магни́тный 磁的, 磁性的
невероя́тно 难以置信地
аккумуля́тор 蓄电池, 电瓶
в соотвéтствии с чем 按照, 依据
декоди́рование 解码
лéнта 带子
стéржни (复) 轴, 钉, 针
барабáн 滚筒, 盘, 鼓
компáктный 紧密的, 密实的
пыль (阴) 粉尘, 尘埃
царáпина 擦伤, 刮痕
отпечáток 压痕, 痕迹
транзи́стор 晶体管
извлекáть (НСВ) — извлéчь (СВ) 取出, 得到
ячéйка 筛孔, 网眼; 格, 单元
ПЗУ (Постоя́нное запомина́ющее устро́йство) (电子计算机) 永久存储器
ОЗУ (Операти́вное запомина́ющее устро́йство) 运算储存器
эксплуатáция 开发, 经营
коммéрческий 商业的

Урок 3   Интернет
第3课   互联网

1. Прочитайте текст и ответьте на вопросы.
   读课文并回答问题。

Что такое Интернет и как он работает?

С точки зрения пользователя, Интернет—это важное средство обмена информации, способ быстрого и удобного общения с людьми по всему миру, развлечение и отдых.

Если соединить два компьютера между собой специальным кабелем, они смогут обмениваться между собой всевозможной информацией: пересылать друг другу фильмы, музыку, документы и все, что душе угодно. В данном случае эти два компьютера образуют маленькую, локальную сеть.

Но таким же кабелем можно соединить между собой миллионы компьютеров по всему миру и дать им возможность обмениваться информацией друг с другом. Это и есть Интернет, всемирная сеть, в которой каждый компьютер подчиняется определённому набору правил обмена информацией. Помогают всему этому работать специальные мощные компьютеры со своими специальными задачами—серверы. С технической точки зрения, Интернет—это объединение множества компьютеров, которые обмениваются информацией через серверы.

По этим правилам обмена информацией каждому компьютеру и серверу, который подключен к сети Интернет, присваивается свой виртуальный адрес (IP-адрес), состоящий из четырёх чисел, которые пишутся через точку (например, 192.128.10.70, все числа от 0 до 255). И вся информация передаётся маленькими кусочками—пакетами. Кроме самого кусочка информации, которую Вы собираетесь получить или передать, в этом пакете обязательно указывается IP-адрес Вашего компьютера и IP-адрес компьютера получателя.

С загрузкой сайтов это работает так: допустим, Вы хотите загрузить сайт yandex.ru. Так как сайты тоже информация, все содержимое и оболочка этих сайтов находится на специально отведённых для этого серверах. Итак, в поиске набираем "yandex.ru". Но если адреса это числа, то как же найдётся сайт по буквам? Для этого у Вашего Интернет-прова́йдера (компания, которая предоставляет доступ в Интернет) есть база, имеющая много-много буквенных названий сайтов и IP-адреса, которым эти буквенные названия принадлежат. То есть от вашего компьютера на сервер провайдера доходит пакет, в котором указано, что вы захотите загрузить сайт с названием yandex.ru. Сервер находит у себя в памяти IP-адрес этого сайта и отправляет этот адрес Вашему браузеру. Тот, уже зная, куда точно нужно отправлять пакет с просьбой, отправляет этот же пакет на сервер Яндекса. Тот высылает Вашему компьютеру всю необходимую информацию, которая становится страницей в Вашем браузере.

Таким образом передаются данные через Интернет, предоставляя пользователям огромные возможности.

Вопросы:

(1) Что такое Интернет, с точки зрения пользователя?

(2) Что такое локальная сеть?

(3) Что такое Интернет, с точки зрения технической?

(4) Что такое IP-адрес?

(5) Что такое Интернет-провайдер?

2. Прочитайте текст и ответьте на вопросы.
   读课文并回答问题。

Возможности Интернета

Прежде всего мы используем Интернет для поиска информации. Интернет даёт ответ на любой вопрос. Не знаете, что приготовить из фасоли, или пытаетесь найти, где растёт конфетное дерево—Интернет поможет.

Общение. Интернет объединяет весь мир. Это способ соединить людей быстро и удобно. Мы можем написать своему другу письмо или даже позвонить, притом бесплатно.

Передача файлов. Помогать делиться фотографиями с друзьями—это не главная задача Интернета. Возможность передавать файлы с данными важна во многих областях нашей жизни. Например, в медицине—результаты анализов приходят прямо к Вам на почту. Уведомления из различных инстанций делают нашу жизнь проще.

Заработок. Интернет стал новой сферой, в которой можно зарабатывать. Создавать сайты, продвигать рекламу, писать статьи и т. д.

Операции с деньгами. Интернет позволяет оплачивать счёта, не выходя из дома.

Развлечения. Появление Интернета открыло для нас разные развлечения. Например, онлайн-игры, в которые можно играть нескольким людям со своих компьютеров одновременно. Или просмотр фильмов без их загрузки.

Важно знать возможности Интернета, чтоб использовать их максимально.

Вопросы:
   （1）Что даёт нам поиск информации в Интернете?
   （2）Как мы можем общаться через Интернет?
   （3）Какие файлы мы можем передавать через Интернет?
   （4）Как можно в Интернете зарабатывать?
   （5）Какие операции с деньгами можно провести по Интернету?
   （6）Какие развлечения доступны через Интернет?

3. Подберите к глаголам однокоренные существительные.
   写出下列动词的名词形式。

Модель: поискать (искать)—поиск
   （1）ответить—
   （2）общаться—
   （3）передать—
   （4）заработать—
   （5）создать—
   （6）развлечься—
   （7）просмотреть (смотреть)—

4. Объясните, с какой целью мы выполняем указанные действия в Интернете. Найдите соответствия.

找出以下网络行为的目的。

Действия в Интернете	Цель действий в Интернете
（1）ответить на любой вопрос	（А）поиск информации
（2）написать письмо	（Б）общение
（3）делиться фотографиями	（В）передача файлов
（4）передавать файлы с данными	（Г）заработок
（5）писать статьи	（Д）операции с деньгами
（6）продвигать рекламу	（Е）развлечения
（7）создавать сайты	
（8）оплачивать счёта	
（9）смотреть фильмы	
（10）играть онлайн-игры	

5. Прочитайте текст и ответьте на вопросы.

读课文并回答问题。

В среднем каждый пользователь Интернета проводит онлайн почти 7 часов! Интернет сопровождает нас буквально повсюду! Мы используем его для работы в офисе, для прослушивания музыки и общения в мессенджерах на улице, для просмотра фильмов, видеороликов и другого развлекательного контента дома. Но в Норвегии, например, более 98% населения пользуются Интернетом, а в Туркменистане всего 15% интернет-пользователей.

Интернету понадобилось всего 5 лет, чтобы количество пользователей достигло 50 миллионов человек.

Для одного поиска в поисковой системе Google требуется 1 000 компьютеров и 0,2 секунды для того, чтобы выдать вам результаты.

Первое электронное письмо было отправлено в 1971 году. Его автором был Рэй Томлинсон, программист из США, который изобрёл систему электронной почты. Символ "@" (собака) использовался для обозначения того, что электронное письмо было отправлено человеку, а не машине. Сегодня в среднем каждый день отправляется около 247 миллиардов электронных писем.

Первое спам-письмо было отправлено Гэри Тюрком по сети Арпанет (Arpanet) в 1979 году. Это была реклама, её получили сразу 393 человека.

Первой поисковой системой была WebCrawler.com, запущенная в 1994 году. А первым мессенджером – InstantMessenger, разработанный в 1996 году.

Первый веб-браузер, выпущенный в 1993 году, назывался Mosaic. Вы можете установить его на свой компьютер и сегодня!

Первая социальная сеть появилась в 2000 году и называлась FriendReunited.

Вопросы:

（1）Сколько времени проводит в Интернете житель планеты?

（2）Для чего мы используем Интернет?

（3）За сколько лет количество пользователей Интернета достигло 50 миллионов человек?

（4）Сколько времени необходимо для того чтобы выдать результат в поисковой системе?

（5）Когда и кем отправлено первое электронное письмо?

（6）Когда и кем отправлено первое спам-письмо?

（7）Назовите первую поисковую систему, первый веб-браузер, первую социальную сеть.

6. Прочитайте текст и ответьте на вопросы.

读课文并回答问题。

Как думаете, сколько людей на планете подключены к Сети? По информации от Global Digital 2022 в начале 2022 года численность интернет-аудитории достигла 4 950 000 000 пользователей. Сегодня интернетом пользуются 62,5% населения мира.

Около 60% трафика генерируют боты, а не реальные люди и сайты.

Главная инфраструктура мировой сети—300 подводных кабелей, соединяющих континенты. Обрыв одного из них может оставить без связи десятки миллионов человек.

В сутки по всему миру взламывается около 30 тысяч сайтов—внушительная цифра, свидетельствующая о немалой активности киберпреступников (поэтому не забывайте защищать свои сайты).

В России же в 2022 году насчитывается более 129 миллионов интернет-пользователей—интернетом пользуются 89% населения.

Обычный житель России проводит в интернете примерно 7 часов 50 минут в сутки и 46,7% этого времени—на мобильных устройствах.

В Китае на конец 2021 года 1 032 000 000 пользователей интернета, в том числе на мобильных устройствах—1 029 000 000. Интернет пользуется популярностью у 73% китайцев, а в деревне у 57,6% жителей.

Вопросы:

（1）Сколько в мире пользователей Интернета? Какая это часть населения мира?

（2）Что является главной инфраструктурой сети?

（3）Почему обязательно нужно защищать свои сайты?

（4）Сколько в России пользователей Интернета? Какая это часть населения России?

（5）Сколько времени житель России проводит в Интернете? Сколько времени он проводит в Интернете на мобильных устройствах?

（6）Сколько пользователей Интернета в Китае? Сколько пользователей Интернета на мобильных устройствах?

（7）Сколько жителей деревни в Китае пользуются Интернетом?

7. Прочитайте текст и ответьте на вопросы.
读课文并回答问题。

Полезен ли для нас Интернет?

Интернет распространяет по всему миру знания и взаимопонимание (это польза), но в то же время предоставляет бесконечные возможности для бесполезной траты времени и развития вредных привычек (это вред).

По данным исследований, чрезмерное увлечение социальными сетями связано с низкой самооценкой и недовольством жизнью, хотя здесь сложно сказать, что причина, а что следствие. Врачи рекомендуют не брать планшеты и телефоны в постель из-за негативного влияния экранов на качество сна.

Проблемы, которые возникли в жизни людей из-за Интернета, заставили некоторых людей отказаться от него или, по крайней мере, от самых времязатратных, неэтичных и вызывающих привыкание сервисов. Установлено, что в среднем британцы проверяют мобильные телефоны каждые 12 секунд и проводят в сети 24 часа в неделю, а некоторые и по 40 часов.

Минута в Интернете выглядит таким образом: 156 млн. электронных писем, 29 млн. сообщений, 1,5 млн. песен в музыкальных сервисах, 4 млн запросов в поисковике, 2 млн. минут звонков по видеосвязи, 350 тыс. твитов, 243 тыс. фотографий, 87 тыс. часов видео, 65 тыс. изображений.

Вопросы:
(1) В чём польза и вред Интернета?
(2) Почему врачи рекомендуют не брать планшеты и телефоны в постель?
(3) Из-за каких сервисов возникают проблемы в жизни людей?
(4) Что рекомендуют врачи, чтобы сделать лучше сон?
(5) Назовите способы освободить время?

8. Используя информацию последнего абзаца, составьте инфографику "Минута в Интернете".
根据文章最后一段内容完成下表。

Минута в Интернете

Ресурсы интернета	Количество

9. Прочитайте текст и ответьте на вопросы.
读课文并回答问题。

Что ждёт Интернет в будущем?

Возможности Интернета безграничны. Уже сегодня для решения многих вопросов нам не нужно выходить из дома, все решается через Интернет. В перспективе возможностей ещё больше. К Интернету подключат ещё больше разных типов устройств.

Если раньше к Интернету были подключены мобильные телефоны, планшеты, MP3-плееры (плейеры) и телевизоры, то теперь с Интернетом связаны дверные замки, термостаты, лампочки, кофеварки, холодильники, духовки, стиральные машины, часы, зубные щётки, устройства для полива газона. Дальше-больше.

Интернет вещей—средство, которое может улучшить нашу жизнь, дав нам больше контроля над ней (это плюс). Вместе с тем это средство, с помощью которого компании смогут следить за нашим поведением (это минус).

Децентрализованная сеть, или DWeb убирает ограждающие Интернет стены, внутри которых люди путешествуют по виртуальному миру при помощи посредников (например, "Яндекса"). Вместо того, чтобы передавать массивы информации о миллионах людей на хранение группе компаний, DWeb создаёт систему, где каждый хранит информацию о себе, сохраняет права на неё и может выбирать, где и как этой информацией делиться.

Вопросы：
（1）Почему возможности Интернета безграничны?
（2）Какие устройства были подключены к Интернету раньше?
（3）Какие устройства связаны с Интернетом сейчас?
（4）В чём минус Интернета вещей?
（5）В чём плюс Интернета вещей?
（6）Что такое децентрализованная сеть?

> **Новые слова**

Интернéт 互联网
с тóчки зрéния 在……看来
пóльзователь (阳) 用户, 使用者
кáбель (阳) 电缆, 连接线
пересылáть (НСВ) — пересла́ть (СВ) 转寄
локáльный 局部的
подчиня́ться (НСВ) — подчини́ться (СВ) 服从; 隶属于
виртуáльный 潜在的, 虚拟的
укáзываться (НСВ) — указáться (СВ) 指出, 指明
загрýзка 负荷, 负载; 装入

содержи́мое 含量，可容度
уведомле́ние 公报，通知书
прослу́шивание 听
ме́ссенджер 信使；聊天软件
социа́льное програ́ммное обеспе́чение 社交软件
видеоро́лик 短片，短视频
конте́нт 内容；(网站、光盘等的)电子信息，存储信息
понадо́биться（СВ）需要，要求，用得着
дости́чь/дости́гнуть（СВ）—достига́ть（НСВ）到达，获得，取得，达到
загрузи́ть（СВ）—загружа́ть（НСВ）装载，装入
изобрести́（СВ）—изобрета́ть（НСВ）发明
спам-письмо́ 垃圾邮件
социа́льная сеть 社交网络
подключён（-ена́，-ено́，-ены́）接上，接入，接通
чи́сленность（阴）数，数量，数值，人数
тра́фик 流量
генери́ровать（НСВ）产生
бот 机器人（ро́бот 的缩写）
инфраструкту́ра 永久性设施
подво́дный 水下的，水底的
обры́в 拉断，扯断，断路
оста́вить（СВ）—оставля́ть（НСВ）留下
взла́мываться（НСВ）被撬开，被打开，被破开；被摧毁
внуши́тельный 有感染力的，能引起深刻印象的；巨大的
свиде́тельствующий 证明的，证实的，说明的
акти́вность（阴）积极性，主动性
киберпресту́пник 超级黑客，超级网络犯罪分子
насчи́тываться（НСВ）共有，计有，共计
популя́рность（阴）通俗性；大众化，普及化
распространя́ть（НСВ）—распространи́ть（СВ）推广，普及
в то же вре́мя 同时
чрезме́рный 过分的，过度的
самооце́нка 自我评价
сле́дствие 结果；推论
рекомендова́ть（НСВ，СВ）推荐，介绍
посте́ль（阴）床铺
негати́вный 否定的，反面的
заста́вить（СВ）—заставля́ть（НСВ）摆满；挡住
отказа́ться（СВ）—отка́зываться（НСВ）拒绝；失灵

по кра́йней ме́ре 至少
времязатра́тный 耗时的
неэти́чный 不道德的
вызыва́ющий 挑衅的
брита́нец 英国人
пле́йер 播放器
за́мок 锁
термоста́т 恒温器
кофева́рка 咖啡机
холоди́льник 冰箱
духо́вка 烤箱
стира́льная маши́на 洗衣机
зубна́я щётка 牙刷
поли́в 灌溉
следи́ть（НСВ）注意，跟踪
децентрализо́ванный 分散的
посре́дник 媒介；中间人
масси́в 数组，数据集

专有名词

Норве́гия 挪威
Туркмениста́н 土库曼斯坦
США 美国
Mosaic 浏览器名称（第一个可以显示图片的浏览器）

Уро́к 4　Онла́йн обуче́ние
第4课　线上教学

1. Прочита́йте текст и отве́тьте на вопро́сы.
读课文并回答问题。

　　Tencent（Тэнцент, в кита́йском вариа́нте—Тэнщунь）—это телекоммуникацио́нная компа́ния из Кита́я. Она́ явля́ется одни́м из са́мых кру́пных Интерне́т-прова́йдеров.

　　Компа́ния ста́ла о́чень популя́рна на ро́дине по́сле созда́ния се́ти для обме́на коро́ткими сообще́ниями QQ и систе́мы голосовы́х и те́кстовых сообще́ний WeChat. После́дними разрабо́тками компа́нии ста́ли беспла́тная по́чта Foxmail и облачное храни́лище информа́ции.

　　Tencent разрабо́тала приложе́ние для дистанцио́нного обуче́ния и конфере́нц-свя́зи под назва́нием Tencent Meeting. С конца́ января́ 2020 го́да в нём расши́рены возмо́жности для проведе́ния перебо́йных видеоконфере́нций для ра́зных организа́ций.

　　Tencent Meeting помога́ет проводи́ть онла́йн-заня́тия（организо́вывать дистанцио́нное обучение) учебным заведениям Китая. За пределами Китая приложение используется в семи странах.

Вопросы:

(1) Что такое Tencent?

(2) Что создано компанией Tencent?

(3) Что такое Tencent Meeting?

(4) Где используется Tencent Meeting?

2. Прочитайте текст и ответьте на вопросы.

读课文并回答问题。

VooV—это международная версия Tencent Meeting, запущенная в декабре 2019 года компанией Tencent Cloud. Она предлагает зашифрованные облачные видеоконференции и возможность мгновенного обмена сообщениями во время встреч. VooV Meeting преодолевает границы, обеспечивая плавную, безопасную и надёжную облачную видеоконференцсвязь[①] в более чем 100 странах по всему миру—до 300 участников бесплатно.

Вебинар—это мероприятие, на котором выступает один или несколько докладчиков. На вебинаре участники могут только смотреть и слушать, а общение и обмен информацией происходит в чате. На конференции слушатель может общаться с организатором в визуальном режиме.

В формате конференции максимальное количество участников—1 000, в формате вебинара—10 000. Провести конференцию позволяет бесплатная подписка (до 100 участников + ограничение по времени), а вебинар доступен только в платном пакете.

Вопросы:

(1) Что такое VooV Meeting?

(2) Для чего его можно использовать?

(3) Назовите отличия конференции и вебинара.

3. Прочитайте о плюсах приложения.

读出下列应用程序的优点。

Плюсы приложения VooV Meeting

—бесплатно;

—хорошая связь;

—конференция на 300 человек;

—нет ограничений по времени;

—возможность демонстрации экрана и обмен файлами;

---

① Видеоконференцсвязь—это сеанс связи между двумя и более удалёнными абонентами с помощью технических средств, обеспечивающих передачу звука и изображения в реальном времени.

—есть версия для ПК (персональный компьютер) и смартфона.

4. Прочитайте текст и ответьте на вопросы.

读课文并回答问题。

Проводить вебинар в качестве **учителя** удобнее с персонального компьютера, для этого нужно предварительно скачать и установить приложение. Скачать приложение можно на странице Download Center сайта. Проводить вебинары в VooV Meeting, используя браузер, невозможно.

Участвовать в вебинаре в качестве **студента** можно как с персонального компьютера Windows/Mac, так и с мобильных устройств Android и IOS, для этого нужно скачать приложение в магазине приложений для соответствующей платформы.

Вопросы:

(1) Что должен делать учитель?

(2) Что должен делать студент?

5. Прочитайте текст и ответьте на вопросы.

读课文并回答问题。

Кнопки приложения

Для регистрации и входа в приложение нужно использовать следующие кнопки:

Sign Up "Зарегистрироваться" / Log In "Войти"

Verification Code "Код подтверждения"

Send "Отправить"

Регистрация в приложение—это однократная процедура, при последующих запусках приложения проводить процедуру повторно не нужно. После входа в приложение VooV Meetings его окно примет вид, показанный на рисунке. В окне имеются три кнопки:

Join Start Schedule

(1) Присоединиться к вебинару, позволяет запланировать вебинар в календаре.

(2) Начать вебинар, позволяет начать вебинар немедленно.

(3) Запланировать вебинар, предназначена для участников (студентов).

Вопросы:

(1) Что нужно использовать для регистрации и входа в приложение?

(2) Что такое регистрация?

(3) Сколько раз проводится регистрация?

(4) Какие кнопки появляются после входа в приложение?

6. Рассмотрите инструменты управления вебинаром. Соотнесите их с названиями кнопок на русском языке и их функцией. Запишите.
看线上会议的操作按钮。匹配按钮的名称和功能。

静音　开启视频　　共享屏幕　管理成员(1)　邀请　聊天

Название кнопки	Функция кнопки
（1）Кнопка Mute/Unmute （"Включить/выключить звук"）	Включает/отключает микрофон ведущего.
（2）Кнопка Start/Stop Video （"Включить/выключить видео"）	Включает/отключает видео ведущего.
（3）Кнопка Share Screen （"Показать экран"）	Открывает экран для работы (можно писать на белом экране, демонстрировать файлы, аудио и видео).
（4）Кнопка Attendees （"Участники"）	Открывает панель со списком участников вебинара.
（5）Кнопка Invite （"Пригласить"）	Отображает окно с информацией о входе в вебинар (ссылка для входа, ID вебинара и т. д.).
（6）Кнопка Chat （"Чат"）	Открывает панель чата. Можно написать сообщение как всем участникам (опция Everyone), так и конкретному участнику (выберите участника в списке под опцией Everyone).

7. Постройте диалоги, используя глаголы в форме императива.
按照示例用下列动词的命令式编对话。

Модель: —Включите микрофон! —Я включу микрофон.

Включите, отключите, откройте, закройте, пишите, ответьте, говорите, поднимите руку.

8. Прочитайте текст и ответьте на вопросы.
读课文并回答问题。

ZOOM—сервис для проведения видеоконференций, онлайн-встреч и дистанционного обучения (главное окно сервиса на Рис. 2.1). Организовать онлайн-лекцию может любой преподаватель, создавший учётную запись.

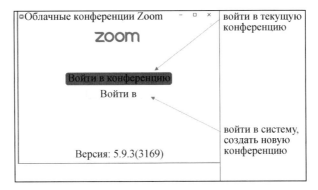

Рис. 2.1 Главное окно программы ZOOM

Бесплатная учётная запись позволяет проводить видеоконференцию длительностью 40 минут. Для более длительной видеосвязи необходимо приобрести платную подписку.

Чтобы студенту подключиться к конференции, нажмите на кнопку "Войти в конференцию". В появившемся окне укажите идентификатор встречи и пароль, которые вы получили от организатора, и дождитесь разрешения подключения от организатора. По желанию отключите микрофон и камеру (Рис. 2.2).

В ZOOM преподаватель может вести лекцию с включённой камерой (видеосвязью), без видеокамеры (с аудиосвязью), демонстрировать свой экран студентам или использовать встроенную интерактивную доску, показывать презентацию, контролировать включение и отключение микрофонов студентов. Если микрофоны студентов отключены, они могут задавать вопросы в чате конференции. Можно настроить автоматическую запись лекции, чтобы студенты, которые не смогли "присутствовать" на занятии, посмотрели лекцию в удобное для них время.

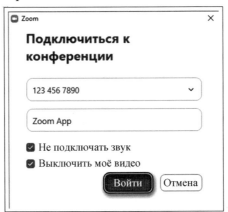

Рис. 2.2 Подключение к конференции

Вопросы:

(1) Что такое ZOOM?

(2) Кто может организовать лекцию?

(3) Что может делать преподаватель?

9. **Слушайте и читайте фразы. Определите, какие из них говорит преподаватель, а какие студент. Составьте из них мини-диалоги, разыграйте их.**
听读句子,请分辨哪些是老师说的,哪些是学生说的。用这些句子编写小对话。

преподаватель	студент

(1) Я вас не вижу. Включите камеру, пожалуйста.

(2) Иван, я вас не слышу.

(3) Извините, у меня не работают колонки.

(4) Включите звук, пожалуйста.

(5) Извините, я забыл включить звук.

(6) Извините, я не получил сообщение. У меня очень медленный интернет.

(7) Выключите микрофон, пожалуйста.

(8) Подождите, файл загружается.

10. **Определите, от каких глаголов образованы существительные. Запишите их парами. Рядом с существительными запишите зависимое слово.**
写出下列名词的动词形式。按照示例分别写出动词词组和名词词组。

Модель: проведение — проводить видеоконференцию (В. п.), проведение видеоконференции (Р. п.).

(1) демонстрация _____

(2) использование _____

(3) контроль _____

(4) включение _____

(5) отключение _____

(6) запись _____

11. **Прочитайте текст и ответьте на вопросы.**
读课文并回答问题。

В Zoom есть и полный аналог доски в аудитории. На ней могут одновременно работать все участники видеоконференции. Чтобы открыть доску, нажмите на "Демонстрацию экрана"—"Доска сообщений". Любой участник может писать на ней, и все участники звонка будут видеть надпись. Чтобы писать на доске могли только вы, нажмите "Подробнее"—"Отключить комментарии участников". А ещё в "Подробнее" можно выбрать функцию "Показывать имена авторов комментариев".

Вы можете писать, рисовать, ставить метки и указывать с помощью стрелок, а также стирать информацию, отменять предыдущие действия, очищать страницу и сохранять её (делать скриншот) с помощью соответствующих кнопок.

Вопросы:

(1) Что можно делать на доске, если нажали кнопку "Текст" и "Рисовать"?

（2）Что можно делать на доске, если нажали кнопку "Метка" и "Стрелка"?

（3）Для чего нужны кнопки "Ластик" "Отменить" и "Очистить"?

（4）С помощью какой кнопки можно сделать скриншот страницы?

12. Прочитайте текст и ответьте на вопросы.

读课文并回答问题。

WeChat—китайское универсальное технологическое приложение, которое может быть использовано как в телефонах, планшетах, так и в персональных компьютерах. Разработано китайской компанией Tencent. В настоящее время является самым популярным мобильным приложением в мире по количеству пользователей. Популярность WeChat обусловлена тем, что данное приложение объединило в себе множество различных функций:

—общение (текстовые и голосовые сообщения, аудио и видеозвонки) и передача информации (ссылки, файлы—текстовые, растровые, аудио, видео и других форматов);

—платёжную систему WeChat pay;

—подписной информационный аккаунт (паблик);

—сканирование QR-кодов и другие функции.

Многофункциональность WeChat предоставляет большие возможности использования данного приложения в учебном процессе. Практически во всех высших учебных заведениях Китая связь между преподавателем и студентами осуществляется через приложение WeChat. Связь может быть как с группой в целом (групповой чат), так и отдельно с каждым студентом индивидуально (индивидуальный чат). Особенная важность использования WeChat в учебном процессе "Русский язык как иностранный" (РКИ) в Китае заключается в том, что у студентов, изучающих РКИ, нет естественной языковой среды для общения на русском языке. А также недостаточный доступ к русским интернет-ресурсам. Используя WeChat можно

—расширить сферу общения между русскими и китайскими преподавателями с китайскими студентами на русском языке;

—обмениваться текстовыми и голосовыми сообщениями на русском языке;

—осуществлять аудио и видеозвонки на русском языке;

—переадресовывать интересующие ссылки на учебные материалы по РКИ, новости о России и др.;

—отправлять и получать учебные файлы по РКИ;

—создавать учебно-образовательные общественно-информационные аккаунты.

Студенты смогут найти там для себя нужную информацию не только по РКИ, но и по истории России, культуре России и др. Например, "北京俄罗斯文化中心" "俄罗斯电影趣话" "俄语之家 Ruclub" "俄语之家网校" "俄罗斯旅游中文网" и др. Как правило, студенты фотографируют выполненное домашнее задание и отправляют в группу. По говорению отправляют голосовые задания-сообщения. Это стимулирует студентов вовремя и качественно выполнять домашнее задание. Проверка выполненных домашних заданий осуществляется дистанционно. Преподаватель может проверять отправленные студентами задания и корректировать их в групповом чате.

Вопросы:

(1) Где используется приложение WeChat?

(2) Почему приложение WeChat очень популярно?

(3) Какие функции есть у приложения WeChat?

(4) Как можно использовать WeChat для изучения РКИ?

(5) Как студенты делают домашнее задание с помощью WeChat?

(6) Как преподаватель проверяет домашнее задание с помощью WeChat?

13. Прочитайте текст и ответьте на вопросы.

读课文并回答问题。

WeChat в 2020 году

WeChat—очень популярное в Китае приложение. Об этом говорят факты.

Так, по данным сайта Байду, в 2020 году WeChat ежедневно насчитывал 1 090 000 000 (1,09 млрд) пользователей. Из них 330 000 000 (330 млн) ежедневно использовали видеозвонки, 780 000 000 (780 млн) просматривали "Моменты". А делились информацией в "Моментах" 120 000 000 (120 млн) пользователей, которые выложили 670 000 000 (670 млн) фотографий и 100 000 000 (100 млн) микровидео. Кроме того, ежедневно в "Моментах" находилось 100 000 000 (100 млн) видео, 360 000 000 (360 млн) пользователей читали статьи в разных пабликах, 400 000 000 (400 млн) пользователей обращались через WeChat к приложениям онлайн-сервисов магазинов, торговых сетей, ресторанов, кафе, касс по продаже билетов и др.

В 2020 году пользователи резместили в "Моментах" в 10 раз больше публикаций, чем в 2019 году.

Вопросы:

(1) Сколько пользователей WeChat было ежедневно в 2020 году?

(2) Какие виды связи они использовали ежедневно?

(3) Какую информацию пользователи размещали в "Моментах" WeChat?

(4) Как изменилось количество публикаций в 2020 году по сравнению с 2019 годом?

14. Заполните таблицу "Один день в WeChat".
完成"微信的一天"数据统计表。

Действия пользователей ежедневно	Количество пользователей
пользовались WeChat	
использовали видеозвонки	
просматривали "Моменты"	
делились информацией в "Моментах"	
читали статьи в разных пабликах	
обращались через WeChat к приложениям онлайн-сервисов	

{ Новые слова }

онла́йн 在线, 线上
телекоммуникацио́нный 电信的
Интерне́т-прова́йдер 互联网服务提供商
о́блачное храни́лище 云储存
дистанцио́нный 远程的
бесперебо́йный 连续的
видеоконфере́нция 视频会议
ве́рсия 版本
предлага́ть (НСВ) — предложи́ть (СВ) 提供
зашифро́ванный 编(成密)码的, 译成密码的
преодолева́ть (НСВ) — преодоле́ть (СВ) 克服
надёжный 可靠的
вебина́р 线上研讨会
мероприя́тие 活动
докла́дчик 报告人
визуа́льный 可见的, 视觉的
режи́м 制度, 规范
подпи́ска 订阅, 订单
предвари́тельно 预先, 事先
платфо́рма 平台; 站台
кно́пка 按钮, 按键
процеду́ра 程序, 手续
повто́рно 重新, 再次
присоедини́ться (СВ) — присоединя́ться (НСВ) 联合, 加入

запланировать（СВ）— планировать（НСВ）设计，计划
предназначить（СВ）— предназначать（НСВ）预先规定
ведущий 主导的，领先的；主持人
демонстрировать（НСВ，СВ）放映；展现；表演
меню（中,不变）菜单
отображать（НСВ）— отобразить（СВ）反映，表现
панель（阴）控制板，操纵台
учётный 核算的，登记的
длительность（阴）长期性，持续时间
подключиться（СВ）— подключаться（НСВ）接上，接入，接通
нажимать（НСВ）— нажать（СВ）点击，按压
идентификатор 会议号
пароль（阳）密码，口令
дождаться（СВ）— дожидаться（НСВ）等（候）到
встроенный 内装式的
презентация 幻灯片；发布会
интерактивный 相互作用的，交互的
рекомендоваться（НСВ，СВ）自我介绍
принудительный 强制的，强迫的
настроить（СВ）— настраивать（НСВ）建筑；控制
автоматический 自动化的；机械的
надпись（阴）题词；说明
скриншот 屏幕截图
обусловить（СВ）— обусловливать（НСВ）作为……的前提条件；是……的原因；引起
формат 大小，尺寸
платёжный 付款的，支付的
аккаунт 账号
паблик 公众号
сканирование 扫描
многофункциональность（阴）多功能性
индивидуальный 个人的，单独的
переадресовывать（НСВ）— переадресовать（СВ）按新地址发送
выполненный 完成的
стимулировать（НСВ，СВ）刺激；促进
корректировать（НСВ）— прокорректировать（СВ）改正，校正

Раздел 3 Язык физики
第 3 章 物理篇

Урок 1 Физические величины и единицы измерения
第 1 课 物理量及其测量

1. Прочитайте текст и ответьте на вопросы.
读课文并回答问题。

Международная система единиц

В 1960 г. была создана Международная система единиц. Сокращённое обозначение "SI", на русском языке "СИ", в переводе с французского языка "systeme international" означает "система интернациональная".

Международная система единиц—это совокупность основных и производных единиц физических величин, отражающих существующие взаимосвязи между ними.

За основу Международной системы приняты семь единиц: метр, секунда, килограмм, моль, кельвин, ампер, кандела. Эталоны этих мер устанавливаются комиссией по мерам и весам. Изготовленные образцы хранятся в Международном бюро мер и весов. С развитием науки эталоны видоизменялись. К примеру, в качестве единицы длины—метра была принята одна десятимиллионная часть четверти длины меридиана на долготе Парижской обсерватории. Эталон метра изготовили в 1799 г., он представлял собой платиновую линейку шириной 25 мм и толщиной 4 мм. Линейка оказалась короче истинного метра на 2 мм. В 1872 г. был изготовлен новый метр из сплава платины и иридия. Сечение эталона, напоминающее букву X, защищало эталон от деформации. Однако "архивный метр" не продержался и столетия. В 1960 г. его сделали световым: 1 650 763,73 длины волны оранжевого излучения атома изотопа криптона-86 стал эталоном метра. Изготовленные копии эталонов основных единиц измерения хранятся во всех странах, которые приняли Международную систему единиц. Для других физических величин единицы измерения выражаются через основные единицы по формулам связи этих величин. Например, единица измерения скорости—м/с.

Вопросы:
(1) Что такое Международная система единиц?
(2) Какие единицы измерения приняты за основу Международной системы?
(3) Кем устанавливаются эталоны этих единиц?
(4) Где хранятся эталоны этих единиц?
(5) Какие эталоны видоизменялись?

（6）Где хранятся копии эталонов основных единиц измерения?

2. Прочитайте и запомните физические величины.
读并记住下列物理量。

L, l [эль] — длина	E [е] — энергия
m [эм] — масса	N [эн] — мощность
T [тэ] — температура	v [вэ] — скорость
ρ [ро] — плотность	S [эс] — путь
V [вэ] — объём	t [тэ] — время
S [эс] — площадь	a [а] — ускорение
H, h [аш] — высота	F [эф] — сила
I [и] — сила тока	

$$h \quad = \quad 1 \text{ метр}$$
$$\downarrow \qquad\qquad \downarrow$$

物理量   单位

физическая величина   единица измерения

3. Выполните задание по модели.
仿照示例完成习题。

Модель:

Буква h обозначает высоту. Высота — это физическая величина. Метр — это единица измерения высоты.

Буква m обозначает массу. Масса — это физическая величина. Грамм — это единица измерения массы.

（1）Буква L обозначает _____.

（2）Буква T обозначает _____.

（3）Буква ρ обозначает _____.

（4）Буква V обозначает _____.

（5）Буква S обозначает _____.

（6）Буква E обозначает _____.

（7）Буква N обозначает _____.

（8）Буква v обозначает _____.

（9）Буква S обозначает _____.

（10）Буква t обозначает _____.

（11）Буква a обозначает _____.

（12）Буква F обозначает _____.

（13）Буква I обозначает _____.

4. Прочитайте единицы и их сокращённые формы.
   读下列计量单位和它们的缩写。

	миллиметр—мм сантиметр—см дециметр—дм метр—м километр—км грамм—г килограмм—кг тонна—т секунда—с минута—мин час—ч градус—℃ Джоуль—Дж Ньютон—Н Ватт—Вт Ампер—А	метр в секунду—м/с километр в час—км/ч метр на секунду в квадрате—м/с^2 метр в квадрате—м^2 метр в кубе—м^3 грамм на метр в кубе—г/м^3 грамм на сантиметр в кубе—г/см^3

5. Выполните задание по модели.
   仿照示例完成习题。

Модель:

   Час—это единица измерения времени.

   Метр, дециметр, сантиметр, миллиметр—это единицы измерения длины.

Единицы измерения	Физические величины
метр	скорость
Ньютон	ускорение
килограмм	плотность
сантиметр	высота
секунда	длина
час	мощность
градус	температура
грамм	время
Джоуль	сила тока
километр	масса
Ватт	сила
метр в секунду	энергия
километр в час	объём
Ампер	площадь
метр на секунду в квадрате	
метр в квадрате	
метр в кубе	
грамм на метр в кубе	

	Что (И. п.) измеряется в чём (П. п. мн. ч.)
	Масса измеряется в килограммах.

6. Выполните задание по модели.

仿照示例完成习题。

Модель:

---
m Масса — это физическая величина, которая измеряется в граммах.

---

(1) E (7) S

(2) N (8) V

(3) l (9) t

(4) T (10) a

(5) υ (11) h

(6) ρ (12) F

7. Слушайте и повторяйте.

听，读和重复。

Писать			Читать
1 м	2 м	5 м	один метр, два метра, пять метров
1 км	2 км	5 км	один километр, два километра, пять километров
1 с	2 с	5 с	одна секунда, две секунды, пять секунд
1 ч	2 ч	5 ч	один час, два часа, пять часов
1 г	2 г	5 г	один грамм, два грамма, пять граммов
1 кг	2 кг	5 кг	один килограмм, два килограмма, пять килограммов
1°C	2°C	5°C	один градус, два градуса, пять градусов

Писать			Читать
1 Дж	2 Дж	5 Дж	один Джоуль, два Джоуля, пять Джоулей
1 Н	2 Н	5 Н	один Ньютон, два Ньютона, пять Ньютонов
1 Вт	2 Вт	5 Вт	один Ватт, два Ватта, пять Ватт
1 А	2 А	5 А	один Ампер, два Ампера, пять Ампер
1 м/с	2 м/с	5 м/с	один метр в секунду, два метра в секунду, пять метров в секунду
1 км/ч	2 км/ч	5 км/ч	один километр в час, два километра в час, пять километров в час
1 м^2	2 м^2	5 м^2	один метр в квадрате, два метра в квадрате, пять метров в квадрате
1 м^3	2 м^3	5 м^3	один метр в кубе, два метра в кубе, пять метров в кубе
1 м/с^2	2 м/с^2	5 м/с^2	один метр на секунду в квадрате, два метра на секунду в квадрате, пять метров на секунду в квадрате
1 г/м^2	2 г/м^2	5 г/м^2	один грамм на метр в кубе, два грамма на метр в кубе, пять граммов на метр в кубе

8. Прочитайте физические величины и напишите словами.

读并写出下列物理量的俄语表达。

(1) 1 кг

(2) 5 с

(3) 18 Дж

(4) 12 м/с

(5) 5 мин

(6) 20 м^3

(7) 22°C

(8) 9 м/с

(9) 16 км

(10) 30 м^2

(11) 4 Н

(12) 60 км/ч

(13) 10 г/м^3

(14) 7 м/с^2

(15) 2 г

(16) 120 Вт

(17) 17 км/ч

(18) 13 г/м^3

Измерительные приборы—устройства, созданные для измерения физических величин.

Прямой метод измерения—это метод измерения физической величины непосредственно с помощью измерительного прибора.

Картинки приборов	Название приборов
	термометр
	секундомер
	весы
	мензурка

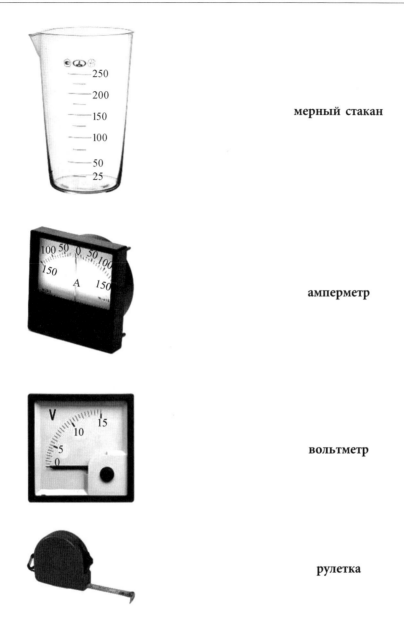

мерный стакан

амперметр

вольтметр

рулетка

9. Прочитайте текст и ответьте на вопросы.
   读课文并回答问题。

Физические величины и их измерение

Всякая характеристика физического явления или тела, которую можно измерить, называется физической величиной. Путь, промежуток времени, скорость, температура—это физические величины. Объём, сила, энергия, масса, давление тоже являются физическими величинами.

Некоторые физические величины можно измерить прибором. Есть разные измерительные приборы. Силу электрического тока измеряют амперметром. Длину можно измерить линейкой, температуру—при помощи термометра. Но многие физические величины не измеряются непосредственно. Такие величины вычисляются по формулам.

Например, скорость тела при равномерном движении можно вычислить по формуле $v = \dfrac{S}{t}$, где скорость обозначается буквой v, путь обозначается буквой S, а время—буквой t.

Физические величины имеют свои единицы измерения. Так, длину можно измерить в сантиметрах или метрах.

Вопросы:

(1) Что называется физической величиной?

(2) Как называется характеристика физического явления или тела, которую можно измерить?

(3) Назовите физические величины.

(4) Как вычисляются физические величины, которые не измеряются непосредственно?

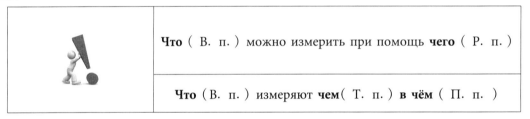

	Что (В. п.) можно измерить при помощь **чего** (Р. п.)
	Что (В. п.) измеряют **чем** (Т. п.) **в чём** (П. п.)

10. Используя названия физических величин и приборов, составьте предложения по модели.

按照示例表述使用哪些仪器可以测量哪些物理量。

Модель:

Температуру **можно измерить** при помощи термометра.

Температуру **измеряют** термометром в градусах.

Физические величины	Приборы
длина	рулетка
сила тока	амперметр
время	секундомер
напряжение	вольтметр
скорость	спидометр

Раздел 3　Язык физики / 第3章　物理篇

11. Составьте микротексты о физических величинах по модели.

仿照示例写出下列物理量的小短文。

Модель:

　　Температура—это физическая величина. Температура обозначается буквой *T*. Температура измеряется в градусах. Температуру можно измерить термометром.

　　Масса—

　　Длина—

　　Скорость—

> **Новые слова**

фи́зика 物理,物理学
физи́ческий 物理的
физи́ческая величина́ 物理量
едини́ца 单位
измере́ние 测量
едини́ца измере́ния 测量单位
междунаро́дная систе́ма едини́ц 国际计量单位
сокращённый 简化的,缩写的
обозначе́ние 符号,标记,表示
интернациона́льный 国际的,世界的
совоку́пность (阴)总合,总体
основно́й 基本的,主要的
произво́дный 导出的,派生的,转成的
отрази́ть (СВ)—отража́ть (НСВ) 反映出,表现
существова́ть 有,存在
взаимосвя́зь (阴)相互关系,相互联系
секу́нда 秒
килогра́мм 千克
моль (阴)摩尔
Ке́львин 开尔文
ампе́р 安培
канде́ла 坎德拉
этало́н 标准,规格,标准量具
ме́ра 标准,尺度,量度单位
установи́ться (СВ)—устана́вливаться (НСВ) 形成,建立
вес 重量,天平,(复数)秤
изгото́вленный 制成的
бюро́ 委员会

видоизмени́ться（СВ）—видоизменя́ться（НСВ）改变，变动
в ка́честве 作为……
длина́ 长度
при́нят（-а́，-о，-ы）公认的
десятимиллио́нный 千万的
часть（阴）部分
че́тверть（阴）四分之一
меридиа́н 子午线
долгота́ 经度
пари́жский 巴黎的
обсервато́рия 天文台，观测台
изгото́вить（СВ）—изготовля́ть（НСВ）制作，制造
представля́ть собо́й 是，乃是，系
пла́тиновый 铂的，白金的
лине́йка 尺子
ширина́ 宽度，宽
толщина́ 厚度，粗度
и́стинный 真实的，实际的
сплав 合金，熔合物
пла́тина 铂，白金
ири́дий 铱
сече́ние 界面，剖面，切割
напомина́ющий 像……状的
деформа́ция 变形，失真
архи́вный 关于档案的，档案（中）的
продержа́ться（СВ）—держа́ться（НСВ）保持，持续，存在
столе́тие 百年，世纪
светово́й 光的
волна́ 波，波浪
ора́нжевый 橙色的，橘色的
излуче́ние 辐射，放射
а́том 原子
изото́п 同位素
крипто́н 氪
вы́разиться（СВ）—выража́ться（НСВ）表现出，表达，计算
фо́рмула 公式
путь（阳）路程
высота́ 高，高度
ско́рость（阴）速度

ма́сса 质量

объём 体积

пло́тность(阴) 密度

концентра́ция 浓度

коли́чество 数量

давле́ние 压力,压强

пло́щадь(阴) 面积

си́ла 力,力量

си́ла то́ка 电流

упру́гость(阴) 弹性,弹力

тя́жесть(阴) 重力

тре́ние 摩擦,摩擦力

коэффицие́нт 系数,率,比

жёсткость(阴) 刚度,硬度

рабо́та 功

мо́щность(阴) 功率

КПД = коэффицие́нт поле́зного де́йствия 效率

эне́ргия 能量

кинети́ческий 运动的,动力学的

потенциа́льный 势的;潜在的

теплота́ 热能,热量

вну́тренний 内部的,内在的

температу́ра 温度

абсолю́тный 绝对的,纯粹的,完全的

уде́льный 单位的,比率的

сгора́ние 燃烧

парообразова́ние 汽化,蒸发

плавле́ние 熔化,熔解,熔炼

ускоре́ние 加速度

грамм 克

то́нна 吨

гра́дус 度,角度

ватт 瓦特

джо́уль(阳) 焦耳

нью́тон 牛顿(力学单位)

миллиме́тр 毫米

сантиме́тр 厘米

дециме́тр 分米

киломе́тр 千米

прибóр 仪器
измери́тельный 测量用的
термóметр 温度计
секундомéр 秒表
ампермéтр 安培计，电流表
вольтмéтр 伏特计，电压表
рулéтка 卷尺
вся́кий 每一个，各种
характери́стика 特性，特征，指标

Урок 2 Научные методы изучения природы
第 2 课 研究自然的科学方法

1. Прочитайте текст и ответьте на вопросы.
读课文并回答问题。

В древности учёные исследовали явления природы и устанавливали законы методом наблюдений и рассуждений. В результате рассуждений ученые выдвигали гипотезы. Гипотеза—это научное предположение, в котором дается объяснение фактов или явлений природы.

Так, древнегреческий учёный Аристотель, который наблюдал одно из распространённых явлений природы—падение тел, сделал вывод, что тяжёлые тела, падают на Землю быстрее, чем лёгкие, т. е. что тела с разной массой падают на Землю с разной скоростью.

Позднее это явление природы исследовал итальянский учёный Галилео Галилей. Он предположил, что Аристотель сделал неверный вывод. Учёный решил проверить гипотезу Аристотеля при помощи эксперимента. Он брал шары с разной массой и одинаковым диаметром и бросал их с одинаковой высоты. Галилей установил, что тела (шары) с разной массой падают на Землю одновременно, т. е. с одинаковой скоростью. С помощью этих опытов Галилей доказал, что скорость падения тел с одной и той же (одинаковой) высоты не зависит от их массы. Это был первый в истории физики эксперимент. Он стал началом нового этапа в развитии науки, так как родился новый метод исследования явлений природы: метод эксперимента.

Галилей продолжил наблюдать падение тел и сделал вывод, что тела, которые имеют одинаковую массу, но разную площадь поверхности, падают с разной скоростью. Тело, площадь поверхности которого больше, падает медленнее. Галилео предположил, что причиной этого является сопротивление воздуха. Но проверить свою гипотезу экспериментально учёный не мог, так как в то время ещё не знали, как устранить сопротивление.

Позднее эту гипотезу смог проверить английский учёный Исаак Ньютон. К этому времени создали специальный прибор—воздушный насос, с помощью которого можно устранить воздух из сосуда. Ньютон взял трубку из стекла, с помощью воздушного насоса устранил из неё воздух, т. е. создал в ней вакуум, и наблюдал, как в этих условиях падают разные предметы. Учёный установил, что они падают с одинаковой скоростью. Так Ньютон экспериментально доказал гипотезу Галилея. Он доказал, что в вакууме тела с разной массой, независимо от площади поверхности, при падении имеют одинаковую скорость.

И в настоящее время одним из основных методов исследования в физике является опыт (эксперимент). Эксперимент—это наблюдение определённого явления в условиях, которые точно контролируются. При повторении этих условий должно повторяться и само явление. Другими методами, как и в древности, являются наблюдение и гипотеза. При наблюдении исследуют свойства и качества явлении и процессов. Гипотеза (научное предположение) объясняет факты и явления. Гипотеза, которую проверили и доказали экспериментально, становится фактом.

Вопросы:

(1) Как учёные в древности исследовали явления природы?

(2) Об исследованиях каких учёных говорится в тексте?

(3) Какое явление природы наблюдали эти учёные?

(4) Какой вывод сделал Аристотель, когда наблюдал падение тел?

(5) Как Галилей доказал, что Аристотель сделал неверный вывод?

(6) Почему мы говорим, что опыт Галилея с шарами стал началом нового этапа в развитии физики?

(7) Что увидел Галилей, когда наблюдал падение тел с одинаковой массой и площадью поверхности? Что он предположил?

(8) Почему Галилей не мог поверить свою гипотезу с помощью эксперимента?

(9) Почему Ньютон смог проверить гипотезу Галилея?

2. Допишите предложения на основе содержания текста.
根据课文内容将句子补充完整。

(1) Падение тел—это...

(2) Когда Аристотель наблюдал падение тел, он сделал вывод, что...

(3) Галилей предположил, что Аристотель...

(4) С помощью опытов Галилей установил, что...

(5) Галилей наблюдал падение тел с одинаковой массой, но разной площадью поверхности и увидел...

(6) Галилей предположил, что...

(7) Галилей не мог проверить свою гипотезу, потому что...

(8) Ньютон проверил гипотезу Галилея с помощью... и установил, что в вакууме...

3. Поставьте глаголы в текст в нужной форме.
插入正确形式的动词。

Учёный _____ эксперимент. Для этого он _____ трубку из стекла. Он _____ воздушный насос, чтобы _____ воздух из трубки. Он _____ вакуум. Учёный _____ за предметами с разной массой. Учёный _____, что они _____ с одинаковой скоростью. Он _____, что в вакууме тела с разной массой _____ одинаковую скорость.

взять
падать
устранить
наблюдать
создать
установить
иметь
доказать
провести
использовать

4. Составьте все возможные словосочетания.
用左右两列词语组成尽量多的词组。

использовать	эксперимент
доказать	прибор
провести	явление
выдвинуть	вычисления
объяснить	гипотеза
поверить	причина
установить	связь

5. Прочитайте и переведите текст.
读并翻译短文。

$F = \gamma \dfrac{m_1 m_2}{r^2}$ —это формула закона всемирного тяготения Ньютона (закон всемирного тяготения). Закон говорит о том, что все тела притягивают друг друга. Сила, с которой тела притягивают друг друга, называется силой притяжения. F —это сила притяжения. Ньютон открыл закон всемирного тяготения методом гипотезы.

6. Составьте словосочетания по модели.

仿照示例使用下列单词组成词组。

Модель: изучение, явление—изучение + чего?（Р. п.）—изучение явления

изучение	явление
наблюдение	притяжение
сила	гипотеза
скорость	жизнь
метод	падение
природа	человек

7. Прочитайте текст и ответьте на вопросы.

读课文并回答问题。

Физика, её задачи и методы

Как мы уже говорили, физика—это наука о природе. Законы физики используют многие науки и техника. Простой пример: чтобы уменьшить скорость падения человека с самолёта, используют парашют. Но не только физика помогает технике решать её проблемы. Техника тоже помогает физике, потому что создаёт приборы для научных исследований. С помощью этих приборов физика решает свои задачи.

Какие же задачи у этой науки? Можно назвать три задачи. Первая и главная задача физики—исследовать явления природы и найти законы, которые ими управляют. Вторая задача—найти связь между новыми явлениями и явлениями, которые мы уже давно знаем. Третья задача—показать, как можно использовать физические законы в жизни человека на Земле.

Теперь вспомним о том, какими методами физика решает свои задачи. Как вы знаете, есть три основных метода: наблюдение, эксперимент и гипотеза.

Наблюдение—это изучение явлений, процессов в природных условиях. При наблюдении изучают свойства и качества явлений и процессов.

А что такое эксперимент? Эксперимент—это изучение явления уже не в природных, а в лабораторных условиях, т. е. в лаборатории. С помощью эксперимента явление можно изучить быстрее, так как не нужно ждать, когда оно произойдёт в природе, а можно наблюдать его столько раз и так часто, как нам нужно. Также с помощью приборов во время эксперимента можно получить очень точные результаты.

И третий метод—метод гипотезы. Гипотеза—это предположение о том, как можно объяснить явление или процесс. Например, с помощью гипотезы Ньютон открыл закон всемирного тяготения. Он предположил, что все тела притягивают друг друга и сила притяжения зависит от массы каждого тела и от расстояния между этими телами. Эту зависимость он показал с помощью формулы $F = \gamma \dfrac{m_1 m_2}{r^2}$. Все методы изучения природы одинаково важны для развития физики как науки.

Вопросы:

(1) Как связаны физика и техника?

(2) Какова главная задача физики?

(3) Что такое наблюдение?

(4) Какой метод изучения является самым важным для развития физики?

8. Прочитайте текст и ответьте на вопросы.

读课文并回答问题。

В природе происходят всевозможные изменения, которые принято называть **явлениями**: листопад, ветер, смена дня и ночи, движение небесных тел, гниение картофеля, рост человека. Из всех явлений в окружающем нас мире в физике изучают **механические, звуковые, тепловые, световые, электрические и магнитные.** К механическим явлениям относятся, например, движение автомобиля, колебание маятника часов; к звуковым—раскаты грома, звучание музыкального инструмента, эхо; к тепловым—таяние льда, образование инея. Радуга, фокусировка световых лучей с помощью линзы это примеры световых явлений; молния, свечение электрической лампы—примеры электрических явлений; притяжение металлических предметов магнитом—пример магнитного явления.

Все эти явления называют **физическими.**

Физика это наука, изучающая физические явления.

Задача физики исследовать и объяснить **причины природных явлений, открыть законы, которым подчиняются различные физические явления.**

Например, почему мы видим молнию и только вслед за ней слышим раскаты грома? Физики установили причину такой закономерности: **свет распространяется быстрее, чем звук.** При равенстве их скоростей сверкание молнии и раскаты грома мы воспринимали бы одновременно! Появление росы в утренние часы объясняется тем, что при понижении температуры воздух становится насыщенным при меньшем значении влажности. Избыток влаги выпадает в виде капель росы.

Вопросы:

(1) Как называют всевозможные изменения, которые происходят в природе?

(2) Какие явления изучают в физике?

(3) Какие явления относятся к механическим?

(4) Какие явления относятся к звуковым?

(5) Какие явления относятся к тепловым?

(6) Приведите примеры световых явлений, электрических явлений, магнитных явлений?

(7) Что такое физика?

（8）Что изучает физика?

（9）Какая задача у физики?

9. Прочитайте и переведите текст. Ответьте на вопрос в конце текста.
读并翻译短文。回答短文最后的问题。

Каждый день вокруг нас мы наблюдаем разные явления.

После молнии **гремит гром**. В прохладное утро на листьях **появляется роса**. Вслед **за летом** наступает **осень**. После вспышек на Солнце **изменяется магнитное поле** Земли, наблюдается **северное сияние**, в ряде регионов **бушуют штормы, ураганы, цунами, наводнения.**

Какие физические явления（механические, звуковые, тепловые, световые, электрические и магнитные）мы наблюдаем?

Новые слова

дре́вность（阴）古代

иссле́довать 研究

устана́вливать（НСВ）—установи́ть（СВ）建立,规定,制定

наблюде́ние 观察,观测

наблюда́ть（НСВ）观察,研究

выдвига́ть（НСВ）—вы́двинуть（СВ）推出,提出

предположе́ние 假设,预想,推测

предположи́ть（СВ）—предполага́ть（НСВ）推测,猜测,假设

древнегре́ческий 古希腊的

распространённый 常见的,普遍的

паде́ние 落下,坠落

па́дать（НСВ）—пасть 或 упа́сть（СВ）落下,下降

италья́нский 意大利的

неве́рный 不正确的

при по́мощи 在……的帮助下,借助于……,用……

с по́мощью 借助于……,用……

диа́метр 直径

броса́ть（НСВ）—бро́сить（СВ）抛,掷,投,扔

шар 球,球体

одновре́менно 同时地

зави́сеть（НСВ）依附,依赖,取决于

не зави́сеть от чего́ 不依附于,不取决于

продо́лжить（СВ）—продолжа́ть（НСВ）继续,延长

причи́на 原因

пове́рхность（阴）表面,表层

сопротивле́ние 阻力, 电阻, 强度
во́здух 空气
возду́шный 空气的
так как 因为
насо́с 泵
возду́шный насо́с 空气泵
сосу́д 器皿, 容器
тру́бка 小管
стекло́ 玻璃
ва́куум 真空
контроли́роваться (НСВ) 被检查
провести́ (СВ)—проводи́ть (НСВ) 实行, 进行
Зако́н всеми́рного тяготе́ния 万有引力定律
притя́гивать (НСВ)—притяну́ть (СВ) 吸引
притяже́ние 吸力, 引力
си́ла притяже́ния 引力
уме́ньшить (СВ)—уменьша́ть (НСВ) 使减少, 缩小, 降低
парашю́т 降落伞, 救生伞
приро́дные усло́вия 自然环境
лаборато́рные усло́вия 实验室环境
то́чный результа́т 精确结果, 准确结果
расстоя́ние 距离, 间隔
всевозмо́жный 各种各样的, 形形色色的
измене́ние 变化, 改变
листопа́д 落叶, 落叶季节
сме́на 更换
сме́на дня и но́чи 昼夜交替
небе́сный 天的, 天体的
небе́сное те́ло 天体
гние́ние 腐败, 腐烂
окружа́ющий 周围的, 环境的
механи́ческий 力学的
теплово́й 热的, 热力的
электри́ческий 电的
магни́т 磁铁, 磁石, 磁体
относи́ться к кому́-чему́ 与……有关系
колеба́ние 振荡, 振动, 摆动
ма́ятник 摆, 摆锤, 摆针
раска́т 轰隆声

гром 雷

э́хо 回声

та́яние 融化,融解

лёд 冰

и́ней 霜

ра́дуга 虹,霓

фокусиро́вка 聚焦

луч 光线,射线,光束,射束

ли́нза 透镜

мо́лния 闪电

свече́ние 辉光,发光

распространя́ться (НСВ)—распространи́ться (СВ) 传播

ра́венство 相等,平等

сверка́ние 闪光,闪烁

воспринима́ть (НСВ)—восприня́ть (СВ) 领会,掌握,理解

роса́ 露,露水

пониже́ние 减低,降低

насы́щенный 饱和的,充实的

вла́жность (阴) 湿度,水分

избы́ток 过剩,剩余

вла́га 湿气,水分

выпада́ть (НСВ)—вы́пасть (СВ) 掉落,消失,降落

капе́ль (阴) 滴

вспы́шка 发火,爆燃,燃烧

магни́тное по́ле 磁场

сия́ние 光,亮光

се́верное сия́ние 北极光

регио́н 区域,地区

бушева́ть (НСВ) 风怒号,狂吹;浪澎湃,汹涌

шторм 风暴,暴风雨

урага́н 飓风

цуна́ми (中,不变) 海啸

наводне́ние 水灾,洪水

专有名词

Аристо́тель 亚里士多德(古希腊科学家)

Галиле́о Галиле́й 伽利略·伽利雷(意大利物理学家)

Иса́ак Нью́тон 艾萨克·牛顿(英国物理学家)

Урок 3 Механика
第 3 课 力学

1. Прочитайте текст и ответьте на вопросы.
  读课文并回答问题。

　　Физика—фундаментальная естественная наука, которой уже несколько тысячелетий. Учёные пытались объяснить природные явления с научной точки зрения. С этого и началась физика как наука. Постоянные исследования учёных привели к тому, что почти все природные явления сейчас можно объяснить с точки зрения физики.

　　В этой науке выделяют несколько основных разделов, каждый из которых описывает определённые процессы макромира и микромира, имеет свою сферу исследований.

　　Основные разделы классической физики—это механика, молекулярная физика, электромагнетизм, оптика, квантовая механика и термодинамика.

　　Механикой называют раздел физики, изучающий законы движения тел.

　　Молекулярная физика—один из основных разделов, изучающий молекулярную структуру веществ.

　　Электромагнетизм—масштабный раздел, изучающий электрические и магнитные явления.

　　Оптика рассматривает природу света и электромагнитных волн.

　　Термодинамика изучает тепловые состояния макросистем. Ключевые понятия этого раздела: энтропия, температура, свободная энергия.

　　В начале XX века началось становление современной физики, поскольку многие классические теории стали давать сбой при применении их к сверхбольшим и сверхмалым масштабам. Так, в масштабе микромира даже небольшие расхождения оказывались огромными.

　　Теория относительности объясняет, как движущаяся масса взаимодействует с пространством и временем.

　　Квантовая механика изучает физические явления на уровне самых мелких субатомных частиц.

　　Ядерная физика исследует структуру и поведение атома.

　　Физика элементарных частиц описывает поведение фундаментальных частиц, составляющих материю нашего мира, и силы взаимодействия этих частиц друг с другом.

　　Астрофизика и космология эволюцию звёзд и формирование Вселенной.

Вопросы:
　　(1) С чего началась физика как наука?
　　(2) К чему привели исследования учёных?
　　(3) Какие разделы относятся к классической физике? Что изучает каждый из них?
　　(4) Какие разделы относятся к современной физике? Что изучает каждый из них?

2. Составьте предложения по моделям из слов и словосочетаний таблицы.
仿照示例，用表格中的词和词组造句。

Модель 1：

Молекулярная физика—раздел, который изучает (изучающий) молекулярную структуру веществ.

Молекулярная физика—раздел, который рассматривает (рассматривающий) молекулярную структуру веществ.

Модель 2：

Молекулярная физика изучает молекулярную структуру веществ.

Молекулярная физика рассматривает молекулярную структуру веществ.

Разделы физики	Что они изучают
астрофизика квантовая механика космология механика оптика теория относительности термодинамика физика элементарных частиц электромагнетизм ядерная физика	законы движения тел электрические и магнитные явления природу света и электромагнитных волн тепловые состояния макросистем взаимодействие движущейся массы с пространством и временем структуру и поведение атома физические явления на уровне мелких частиц поведение фундаментальных частиц эволюцию звёзд формирование Вселенной

3. Прочитайте текст и ответьте на вопросы.
读课文并回答问题。

Механика изучает механическое движение.

Когда мы рассматриваем механическое движение точки (тела), мы отвечаем на два вопроса: где? (в каком месте пространства) и когда? (в какой момент времени) находится точка (тело). Таким образом, можно сказать, что задача механики—определение положения тела в пространстве в каждый момент времени.

Классическая механика изучает движение тел во времени и пространстве, причины и законы движения. Она подразделяется на статику (равновесие тел), кинематику (формы движения тел) и динамику (движение тел и его причины).

Механика		
Кинематика	Динамика	Статика
изучает		
формы движения	причины движения (причины изменения движения)	причины покоя (нет движения)
Отвечает на вопрос		
Как движется тело?	Почему движется тело?	Почему тело не движется?

Вопросы:

(1) Что изучает механика?

(2) Какова задача механики?

(3) На какие разделы подразделяется механика?

(4) Что изучает кинематика? На какой вопрос она отвечает?

(5) Что изучает динамика? На какой вопрос она отвечает?

(6) Что изучает статика? На какой вопрос она отвечает?

4. Прочитайте текст и ответьте на вопросы.

读课文并回答问题。

Механика—это начальный раздел физики, основа основ. Механика—это наука о разных механизмах, о том, как они друг на друга влияют, о движении и силах, которые могут действовать на разные предметы и что из этого получается. Благодаря механике были изобретены механические часы, колесо, мельница и многое другое. А вот автомобиль был изобретён не только благодаря механике, а ещё и другим разделам физики, например, термодинамике.

Классическая механика основана на принципе относительности Галилея и законах Ньютона. Поэтому её ещё называют механикой Ньютона.

Релятивистская механика—раздел физики, который рассматривает движение тел и частиц при скоростях, сравнимых со скоростью света.

Рождение релятивистской механики неразрывно связано с именем Альберта Эйнштейна, создателя теории относительности. Специальная теория относительности (СТО) рассматривает физические процессы в равномерно движущихся объектах. Общая теория относительности (ОТО) описывает ускоряющиеся объекты и объясняет происхождение такого явления, как гравитация.

Вопросы:

(1) На какие разделы подразделяется классическая механика?

(2) Что изучает статика, кинематика, динамика?

(3) Что было изобретено благодаря механике?

(4) На чём основана классическая механика?

(5) Что такое релятивистская механика?

（6）На чём основана релятивистская механика?

（7）Что изучает СТО и ОТО?

5. Прочитайте текст и ответьте на вопросы.

读课文并回答问题。

Под **механикой** обычно понимают классическую механику. Она изучает движение тел и происходящие при этом взаимодействия между ними. Каждое **тело** в любой момент времени занимает определённое **положение в пространстве** относительно других тел. Если со временем тело меняет положение в пространстве, то говорят, что тело движется, **совершает механическое движение.**

Механическим движением называется изменение взаимного положения тел в пространстве с течением времени.

Основная задача механики—определение положения тела в любой момент времени. Для этого нужно указать, как движется тело, как при том или ином движении изменяется его положение с течением времени.

Общие законы механики подразумевают, что они справедливы при изучении движения и взаимодействия любых материальных тел (кроме элементарных частиц) от микроскопических размеров до объектов астрономических.

Вопросы:

（1）Что обычно понимают под механикой?

（2）Что она изучает?

（3）Что значит "тело движется"?

（4）Что значит механическое движение?

（5）Что значит "определение положения тела в любой момент времени"?

（6）Что подразумевают общие законы механики?

6. Найдите в тексте существительные, образованные от глаголов. Запишите их вместе со словами, с которыми они употребляются.

在课文中找出下列动词的名词形式，并写出含有该名词的词组。

Модель：сообщить—сообщение информации (Р. п.)

（1）двигать— _____.

（2）взаимодействовать— _____.

（3）положить— _____.

（4）изменить— _____.

（5）определить— _____.

（6）изучить— _____.

Кинематика
运动学

7. Прочитайте текст и ответьте на вопросы.

读课文并回答问题。

Траектория—это линия, которую очерчивает материальная точка при движении в пространстве. Траектория может быть прямой, кривой, плоской и пространственной линией.

Пройденный **путь** (длина участка траектории между начальным и конечным положением её) измеряется вдоль траектории в направлении движений: обозначение—S (эс), единица измерения—м (метр).

Скорость—перемещение точки за определённое время: обозначение—v (вэ), единица измерения—м/с (метр в секунду), км/ч (километр в час).

Время: обозначение—t (тэ), единица измерения—с (эс).

Ускорение—изменение скорости за определённое время: обозначение—a (а), единица измерения—м/с^2 (метр на секунду в квадрате). Например, если ускорение равно 5 м/с^2, то это означает, что скорость тела каждую секунду увеличивается на 5 м/с. $a = v \div t$

В механике изучают разные виды движения:

(1) Равномерное прямолинейное движение—движение, при котором скорость постоянна по величине и направлению.

(2) Равноускоренное прямолинейное движение—движение, при котором скорость меняется, ускорение и направление движения постоянны.

(3) Криволинейное движение—движение, траектория которого представляет собой кривую линию.

(4) Свободное падение тела—движение под влиянием притяжения Земли.

(5) Равномерное движение по окружности—скорость постоянна, движение по окружности.

Вопросы:

(1) Что называют траекторией? Какой может быть траектория?

(2) Что такое путь? Как он обозначается? В каких единицах измеряется?

(3) Что такое скорость? Как она обозначается? В каких единицах измеряется?

(4) По какой формуле вычисляют путь? По какой формуле вычисляют скорость? По какой формуле вычисляют время?

(5) Что такое ускорение? Как оно обозначается? В каких единицах измеряется?

(6) По какой формуле вычисляют ускорение?

(7) Какие виды движения изучают в механике?

(8) Прочитайте характеристики видов движения. Что меняется и что не меняется?

8. Постройте предложения по моделям.

按照示例造句。

Модель: Какое это движение? Движение прямолинейное.

Как движется тело? Тело движется прямолинейно.

（1）криволинейное, криволинейно

（2）равноускоренное, равноускоренно

（3）равномерное, равномерно

Динамика
动力学

9. Прочитайте текст и ответьте на вопросы.

读课文并回答问题。

Масса—качественная мера материи.

Импульс—количественная мера движения материального тела.

Сила—мера взаимодействия двух тел. Сила—это векторная величина. В механике различают силы: гравитационные (тяжести), упругости, трения. Сила тяжести является результатом гравитационного взаимодействия. Силы упругости и силы трения—результаты электромагнитных взаимодействий. Силы, действующие на движущееся тело показываются на рис. 3.1.

Характеристики сил:

—модуль (численное значение),

—точка приложения,

—линия действия,

—направление движения.

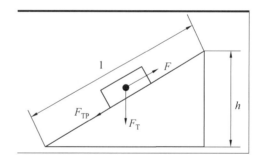

Рис. 3.1 Силы, действующие на движущееся тело

Вопросы:

（1）Что такое масса?

（2）Что называется импульсом?

（3）Что называется силой?

（4）Какие силы различают в механике?

（5）Назовите характеристики сил. Покажите их на схеме.

10. Рассмотрите рисунки и прочитайте подписи.

看图并读说明。

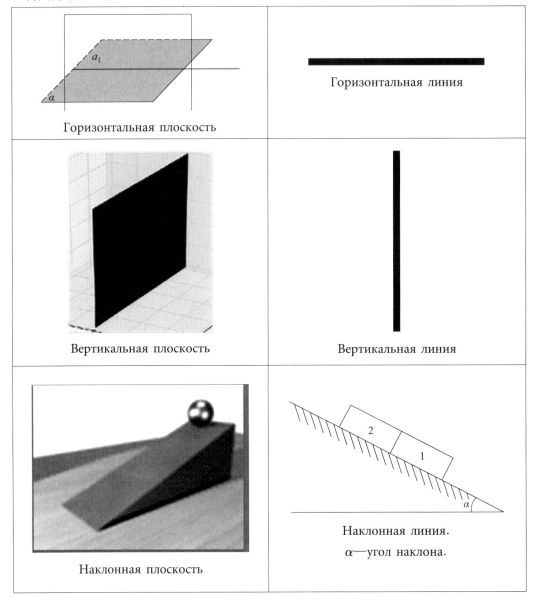

Раздел 3　Язык физики / 第3章　物理篇

11. Прочитайте описание. По описанию нарисуйте схемы движения.
读一读下列描述，根据表述画图。

Это горизонтальная линия. Тело движется в горизонтальном направлении. Тело движется горизонтально (как?).	
Это вертикальная линия. Тело движется в вертикальном направлении. Тело движется вертикально (как?).	
Тело движется вертикально вниз (куда?).	
Тело движется вертикально вверх (куда?).	
Тела движутся в одном направлении = тела имеют одинаковое направление движения.	
Тела движутся навстречу друг другу.	
Тело движется вверх по наклонной плоскости.	
Тело движется вниз по наклонной плоскости.	
Тело падает. Траектория движения—прямая линия.	

Статика
静态学

12. Прочитайте текст и ответьте на вопросы.
读课文并回答问题。

　　Статика изучает условия равновесия тел под действием сил.

　　Равновесие—состояние, при котором все точки тела находятся в покое или движутся равномерно.

　　Рассмотрим вращающее действие силы на плоское тело, которое подвижно закреплено в одной точке. Опыт показывает, что вращающее действие силы зависит не только от величины, но и от расстояния линии действия силы до оси вращения тела. Это расстояние равно длине перпендикуляра, который проведён из оси вращения на линию действия сила, и называется плечом силы (l).

Физическая величина, которая характеризуется вращающее действие силы, называется моментом силы. Момент силы относительно точки тела, через которую проходит ось вращения, равен произведению величины силы на плечо: $M = F \cdot l$.

Единица измерения момента силы в СИ—Ньютон на метр—Н · м.

Вопросы:

(1) Что такое равновесие?

(2) От чего зависит вращающее действие силы?

(3) Чему равно расстояние линии действия силы до оси вращения тела?

(4) Что называют плечом силы?

(5) Что называют моментом силы?

(6) Что является единицей измерения момента силы?

13. Прочитайте текст и ответьте на вопросы.

读课文并回答问题。

Давайте рассмотрим рисунок 3.2 "Центр тяжести однородных тел". Здесь изображены однородные тела правильной геометрической формы. Центр тяжести находится в их геометрическом центре. Центр тяжести стержня лежит на его середине. Центр тяжести диска находится в центре диска. Центр тяжести однородного прямоугольного параллелепипеда лежит на пересечении диагоналей.

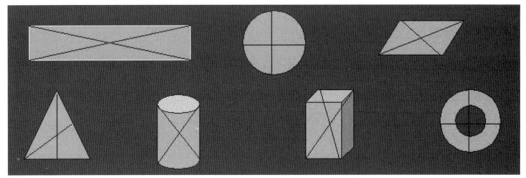

Рис. 3.2 Центр тяжести однородных тел

В зависимости от положения центра тяжести относительно точки опоры равновесие тела может быть устойчивым, неустойчивым, безразличным (Рис. 3.3).

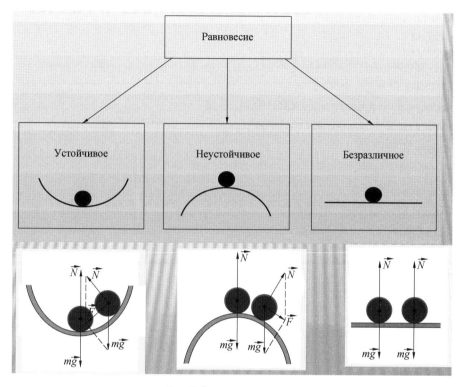

Рис. 3.3 Виды равновесия

Тело стремится вернуться в исходное положение.	Тело не возвращается в исходное положение, а удаляется от него.	Тело при изменении положения остаётся в равновесии.

При выводе тела из состояния устойчивого равновесия центр тяжести понижается и увеличивается **потенциальная энергия.**

При выводе тела из состояния неустойчивого равновесия центр тяжести повышается и потенциальная энергия уменьшается.

При выводе тела из состояния безразличного равновесия положение центра тяжести и потенциальной энергии не изменяются.

Вопросы:

(1) Где находится центр тяжести однородных тел правильной геометрической формы?

(2) Каким может быть равновесие?

(3) Что происходит с телом при устойчивом равновесии?

(4) Что происходит с телом при неустойчивом равновесии?

(5) Что происходит с телом при безразличном равновесии?

Новые слова

с то́чки зре́ния 从……的观点上来看
постоя́нный 恒定的，不变的
привести́(СВ)—приводи́ть(НСВ) 带到，引到
выделя́ть(НСВ)—вы́делить(СВ) 分出
макроми́р 宏观世界
микроми́р 微观世界
молекуля́рный 分子的
электромагнети́зм 电磁，电磁学
о́птика 光学
ква́нтовый 量子的
меха́ника 力学
термодина́мика 热力学
масшта́бный 大规模的
рассма́тривать(НСВ)—рассмотре́ть(СВ) 分析，研究
электромагни́тные во́лны 电磁波
макросисте́ма 宏观系统
ключево́й 关键的
энтропи́я 熵，热力函数
свобо́дная эне́ргия 自由能
становле́ние 形成
сбой 失效，故障
сверхбольшо́й 极大的，超大的
сверхма́лый 极小的，超小的
расхожде́ние 差别，偏差
тео́рия относи́тельности 相对论
взаимоде́йствовать(НСВ) 互相影响，相互协作
простра́нство 空间
суба́томный 亚原子的
суба́томные части́цы 亚原子粒子
я́дерный 核的
поведе́ние 行为，特性，性能
астрофи́зика 天体物理学，航天物理学
космоло́гия 宇宙学，宇宙论
эволю́ция 进化，演变
положе́ние 状态，位置
класси́ческий 古典的，经典的
подразделя́ться(НСВ) 分成，分为

ста́тика 静力学, 静态
кинема́тика 运动学
изобретён（-á, -ó, -ы）发明出, 想出
колесо́ 轮, 轮状物
ме́льница 磨
релятиви́стский 相对的
специа́льная тео́рия относи́тельности（СТО）狭义相对论
равноме́рно 相同地, 相等地
о́бщая тео́рия относи́тельности（ОТО）广义相对论
гравита́ция 万有引力, 重力
соверша́ть（НСВ）—соверши́ть（СВ）进行, 执行, 完成
справедли́в（-а, -о, -ы）公正的, 公平的
микроскопи́ческий 显微镜的, 极其微小的
астрономи́ческий 天文(学)的
траекто́рия 轨道, 轨迹, 路径
оче́рчивать（НСВ）—очерти́ть（СВ）画线；画出轮廓
криво́й 弯曲的, 歪斜的
пло́ский 平的
про́йденный 走过的
вдоль 沿着, 顺着
перемеще́ние 位移, 移动
прямолине́йный 直线的
окру́жность（阴）圆周, 圆
и́мпульс 冲量, 冲力
ве́кторный 向量的
гравитацио́нный 万有引力的, 重力的
мо́дуль（阳）因数, 系数
то́чка приложе́ния 着力点
ли́ния де́йствия 作用线
направле́ние движе́ния 运动方向
вертика́льный 垂直的, 纵向的
пло́скость（阴）平面, 面
накло́нный 倾斜的, 有斜度的
схе́ма 图, 图解
равнове́сие 平衡
враща́ть（НСВ）转动, 旋转
враще́ние 转动, 旋转, 回转
перпендикуля́р 垂直线
плечо́ си́лы 力臂

момéнт сúлы 力矩
центр тúжести 重心
одноро́дный 均质的，均匀的
геометрúческий 几何学的，几何图形的
прямоуго́льный 直角的
параллелепúпед 平行六面体
пересечéние 交叉，交叉点
диагона́ль（阴）对角线
опóра 支点
тóчка опóры 支撑点，支点
устóйчивый 稳定的，平稳的
безразлúчный 中立性的，不偏左右的
понижáться（НСВ）—понúзиться（СВ）降低，减弱
увелúчиваться（НСВ）—увелúчиться（СВ）增加，扩大，加强
потенциáльная энéргия 势能
повышáться（НСВ）—повы́ситься（СВ）升高，加强，增加
уменьшáться（НСВ）—уме́ньшиться（СВ）减少，缩小，降低

专有名词
Альбéрт Эйнштéйн 阿尔伯特·爱因斯坦（瑞士、美国物理学家）

Урок 4　Зако́ны Нью́то́на
第4课　牛顿定律

1. Прочитáйте текст и отвéтьте на вопро́сы.
读课文并回答问题。

Дина́мика—часть меха́ники, кото́рая изуча́ет причи́ны движе́ния тел, возникнове́ния ускоре́ний и спо́собы их определе́ния.

Осно́вой дина́мики материа́льной то́чки явля́ются зако́ны Нью́то́на.

Пе́рвый зако́н Нью́то́на. Любо́е те́ло нахо́дится в состоя́нии поко́я и́ли равноме́рного прямолине́йного движе́ния, е́сли на него́ не де́йствуют други́е тела́.

В приро́де тела́ взаимоде́йствуют—де́йствуют друг на дру́га. Те́ло нахо́дится в поко́е и́ли дви́жется прямолине́йно, е́сли де́йствия на него́ други́х тел уравнове́шивают друг дру́га（Рис. 3.4）.

Наприме́р, те́ло лежи́т на столе́. На него́ де́йствуют Земля́ и стол. Де́йствие Земли́ уравнове́шивается де́йствием стола́—опо́ры.

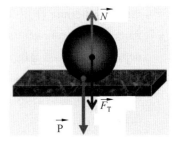

Рис. 3.4 Си́лы, де́йствующие на те́ло в поко́е и́ли при равноме́рном движе́нии

Движе́ние тел с постоя́нной ско́ростью, когда́ на них не де́йствуют други́е тела́, называется движением по инерции. Первый закон Ньютона называется законом инерции. Инерция—это свойство тела сохранять состояние покоя или равномерного прямолинейного движения относительно инерциальной системы отсчёта. Инерция не имеет меры. Все тела обладают инерцией одинаково.

Вопросы:

(1) Что изучает динамика?

(2) Сформулируйте первый закон Ньютона.

(3) Приведите пример того, как силы, действующие на тело в покое, уравновешивают друг друга.

(4) Что называется движением по инерции?

(5) Что такое инерция?

2. Прочитайте текст и ответьте на вопросы.

读课文并回答问题。

Изменение скорости тела возможно только при взаимодействии.

Второй закон Ньютона определяет связь между силой, которая действует на тело, его массой и ускорением.

Второй закон Ньютона. Ускорение $\vec{a}$, с которым движется тело, прямо пропорционально силе $\vec{F}$, действующей на тело (Рис. 3.5), и обратно пропорционально массе тела m: $\vec{a} = \dfrac{\vec{F}}{m}$.

Рис. 3.5 Ускорение тела (действует одна сила)

Если на тело действуют несколько сил (Рис. 3.6), то второй закон Ньютона имеет вид

$$\vec{F} + \vec{F}_\text{T} + \vec{N} + \vec{F} = m\vec{a} \tag{3.1}$$

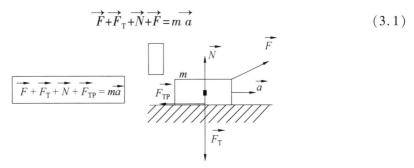

Рис. 3.6 Ускорение тела (действуют несколько сил)

Особенности закона:

—сила—причина изменения движения (скорости);

—направление ускорения всегда совпадает с направлением силы;

—справедлив для любых сил;

—если действуют несколько сил, то берётся результирующая (результат сложения всех сил, сумма всех сил).

Вопросы:

(1) При каком условии возможно изменение скорости тела?

(2) Что определяет второй закон Ньютона?

(3) Сформулируйте второй закон Ньютона.

(4) Назовите особенности второго закона Ньютона.

(5) Что такое результирующая сила?

3. Прочитайте текст и ответьте на вопросы.

读课文并回答问题。

В природе все тела действуют друг на друга, или взаимодействуют (Рис. 3.7).

Третий закон Ньютона. При взаимодействии двух тел силы равны по величине и противоположны по направлению. $F_1 = -F_2$.

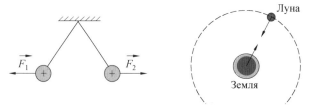

Рис. 3.7 Взаимодействие двух тел

Тело висит на нити (Рис. 3.8). На тело действует нить с силой $\vec{T}$. С такой же силой тело действует на нить $-\vec{F}$.

Особенности закона:

— силы одной природы;

— возникают только парами;

— приложены к различным телам, поэтому не **уравновешивают** друг друга.

Вопросы:

(1) Что значит взаимодействовать?

(2) Сформулируйте третий закон Ньютона.

(3) Назовите особенности третьего закона Ньютона.

(4) Приведите пример действия третьего закона Ньютона.

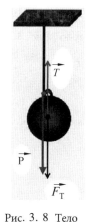

Рис. 3.8 Тело висит на нити

4. Прочитайте текст и ответьте на вопросы.

读课文并回答问题。

Исаак Ньютон предположил, что все тела имеют свойство притягиваться друг к другу. Он показал, что силы взаимного притяжения двух тел зависят от масс этих тел и от расстояния между ними. Закон всемирного тяготения сформулирован для материальных точек, а также для тел, которые имеют форму шара.

Обозначим m_1 и m_2 — массы первого и второго тела, R — расстояние между телами, $\vec{F}$ — сила всемирного тяготения (взаимного притяжения).

$\vec{F}_1$ и $\vec{F}_2$ — силы взаимного притяжения, $|\vec{F}|_1 = |\vec{F}|_2 = F$. Это следует из третьего закона Ньютона (Рис. 3.9).

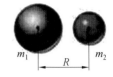

Рис. 3.9 Силы взаимного притяжения

Закон всемирного тяготения. Два тела притягиваются друг к другу с силой, прямо пропорциональной произведению масс этих тел и обратно пропорциональной квадрату расстояния между ними:

$$F = G \frac{m_1 m_2}{R^2} \quad (3.2)$$

где G — гравитационная постоянная (постоянная всемирного тяготения)

Если $m_1 = m_2 = 1$ кг и $R = 1$ м, тогда $G = |\vec{F}|$. Эту силу определили экспериментально (на опыте): шесть целых шестьдесят семь сотых умножить на десять в минус одиннадцатой степени ньютон-метр в квадрате на килограмм в квадрате.

$$G = 6{,}67 \cdot 10^{-11} \frac{\text{Н} \cdot \text{м}^2}{\text{кг}^2} \quad (3.3)$$

Численно гравитационная постоянная равна силе, с которой притягиваются друг к другу два тела массой 1 кг на расстоянии 1 м. Это физический смысл гравитационной постоянной.

Силы всемирного тяготения направлены по линии, которая соединяет центры масс тел. Такие силы называются центральными.

Под действием силы всемирного тяготения происходит падение тел на Землю, движение Земли вокруг Солнца, движение Луны вокруг Земли. Действие сил тяготения от одного тела к другому передаётся через поле тяготения (гравитационное поле). Оно создаётся вокруг любого материального тела, и его свойства зависят от массы.

Вопросы:

(1) От чего зависят силы взаимного притяжения двух тел?

(2) Для чего сформулирован закон всемирного тяготения?

(3) Сформулируйте закон всемирного притяжения.

(4) Чему равна гравитационная постоянная?

(5) В чём физический смысл гравитационной постоянной?

(6) Куда направлены силы всемирного тяготения? Как их называют?

5. Найдите в тексте глаголы, от которых можно образовать существительные. Запишите их вместе со словами, с которыми они употребляются.

在课文中找出下列名词的动词形式，并写出含有该动词的词组。

Модель: сообщение — сообщить информацию (В. п.)

(1) притяжение — _____.

(2) определение — _____.

(3) умножение — _____.

(4) соединение — _____.

(5) название — _____.

(6) создание — _____.

Новые слова

возникнове́ние 发生,产生
спо́соб 方法,方式
материа́льная то́чка 质点
поко́й 静止
зако́ны Нью́тона 牛顿定律
уравнове́шивать 使平衡,使均等
постоя́нная ско́рость 等速,匀速,恒速
ине́рция 惯性
инерциа́льный 惯性的
движе́ние по ине́рции 做惯性运动
зако́н ине́рции 惯性定律
отсчёт 读数,指标数
облада́ть（НСВ）拥有,具有
сформули́ровать（СВ）—формули́ровать（НСВ）定义,简明地说出
пропорциона́льно 成比例地,匀称地,相称地
обра́тно 相反地
совпада́ть с кем-чем 与……相符,与……一致
результи́рующий 合成的
противополо́жен (-жна, -жно, -жны) 相反的,对立的
нить（阴）线
притя́гиваться（НСВ）—притяну́ться（СВ）互相吸引,以引力作用使运动
постоя́нная 常数,常量
гравитацио́нная постоя́нная 引力常数,重力常数
гравитацио́нное по́ле 重力场,引力场

Уро́к 5　Оптика
第5课　光学

1. Прочита́йте текст и отве́тьте на вопро́сы.
　 读课文并回答问题。

　Оптика—это разде́л фи́зики, в кото́ром изуча́ются закономе́рности световы́х явле́ний, приро́да све́та и его́ взаимоде́йствие с вещество́м.

　Светово́й луч—это ли́ния, вдоль кото́рой распространя́ется свет (Рис 3.10).

　Зако́н незави́симости световы́х луче́й. В одноро́дной и изотро́пной среде́ свет распространя́ется прямолине́йно. При пересече́нии световы́х луче́й ка́ждый из них продолжа́ет распространя́ться в пре́жнем направле́нии.

　Исто́чник све́та—это те́ло, кото́рое излуча́ет свет.

При излучении света источник теряет энергию, при поглощении его внутренняя энергия увеличивается, т. е. распространение света сопровождается переносом энергии.

Рис. 3.10 Распространение света

Виды источников света:

· тепловые—это источники, в которых излучение света происходит в результате нагревания тела до высокой температуры;

· люминесцентные—это тела, излучающие свет при облучении их светом, рентгеновскими лучами, радиоактивным излучением и т. д.

Вопросы:

(1) Какой раздел физики называется оптикой?

(2) Что такое световой луч?

(3) Сформулируйте закон независимости световых лучей.

(4) Что является источником света?

(5) Какими бывают источники света?

2. Составьте предложения из слов и словосочетаний текста.

用课文中的单词和词组完成下列句子。

Модель 1: _____—раздел физики, изучающий _____.

Механика—раздел физики, изучающий механическое движение тел и происходящие при этом взаимодействия между ними.

(1) _____—это раздел физики, в котором изучаются _____.

(2) _____—это линия, вдоль которой распространяется _____.

(3) _____—это тело, которое излучает _____.

(4) _____—это источники, в которых излучение света происходит _____.

(5) _____—это тела, излучающие свет при _____.

3. Найдите в тексте существительные, образованные от глаголов. Запишите их вместе со словами, с которыми они употребляются.

在课文中找出下列动词的名词形式，并写出含有该名词的词组。

Модель: сообщить—сообщение информации (Р. п.)

(1) взаимодействовать— _____.

(2) пересекать— _____.

(3) излучать— _____.

(4) поглощать— _____.

(5) распространять— _____.

(6) нагревать— _____.

(7) облучать— _____.

4. Прочитайте текст и ответьте на вопросы.

读课文并回答问题。

Свет—это электромагнитные волны, длина которых лежит в пределах от 400 до 760 нм (нанометров) с частотой от $1,5 \cdot 10^{11}$ Гц (герц) до $3 \cdot 10^{16}$ Гц (от полутора на десять в одиннадцатой степени герц до трёх на десять в шестнадцатой степени герц). В этих пределах свет называется видимым. Свет с наибольшей длиной волны кажется нам красным, а с наименьшей—фиолетовым. Свет—это световые волны.

Запомнить чередование цветов спектра на русском языке легко с помощью фразы "Каждый Охотник Желает Знать, Где Сидит Фазан". Первые буквы слов соответствуют первым буквам основных цветов спектра в порядке убывания длины волны (и соответственно возрастания частоты): "Красный—Оранжевый—Жёлтый—Зелёный—Голубой—Синий—Фиолетовый". Свет с большими, чем у красного, длинами волн, называется инфракрасным. Его наши глаза не замечают, но наша кожа воспринимает такие волны в виде теплового излучения. Свет с меньшими, чем у фиолетового, длинами волн, называется ультрафиолетовым.

Световые волны, как и любые другие электромагнитные волны, распространяются в веществе с конечной скоростью. Скорость света в вакууме постоянна и равна $c = 3 \cdot 10^8$ м/с (цэ равно три на десять в восьмой степени метров в секунду).

$$c = 1/\sqrt{\varepsilon_0 \mu_0} \qquad (3.4)$$

Если свет распространяется в какой-либо среде, то скорость его распространения также выражается следующим соотношением:

$$v = \frac{c}{n} \qquad (3.5)$$

где n (эн)—показатель преломления вещества—физическая величина, показывающая во сколько раз скорость света в среде меньше чем в вакууме.

Кроме света существуют и другие виды электромагнитных волн. Они перечислены в порядке уменьшения длины волны (и соответственно, в порядке возрастания частоты):—радиоволны;—инфракрасное излучение;—видимый свет;—ультрафиолетовое излучение;—рентгеновское излучение;—гамма-излучение.

Вопросы:

(1) Что называется светом? Что такое свет?

(2) Какой свет называется видимым?

(3) Какой свет кажется нам красным? фиолетовым?

(4) Как располагаются цвета в световом спектре?

(5) Какой свет (какое излучение) называют инфракрасным?

(6) Какой свет (какое излучение) называют ультрафиолетовым?

(7) Какова скорость света?

(8) Что такое показатель преломления вещества?

5. Расставьте по порядку.

排序题。

(1) Расположите цвета по порядку в световом спектре.

把下列光色按照光谱顺序进行排列。

① голубой

② жёлтый

③ зелёный

④ красный

⑤ оранжевый

⑥ синий

⑦ фиолетовый

(2) Расположите виды электромагнитных волн в порядке уменьшения их длины.

依照波长由长到短的顺序将下列词组进行排序。

① видимый свет

② гамма-излучение

③ инфракрасное излучение

④ радиоволны

⑤ рентгеновское излучение

⑥ ультрафиолетовое излучение

6. Прочитайте текст и ответьте на вопросы.

读课文并回答问题。

Закон распространения света. Свет в прозрачной однородной среде распространяется прямолинейно.

Экспериментальным доказательством прямолинейности распространения света является образование тени.

Тень—это область пространства, куда не попадает свет от источника (Рис. 3.11).

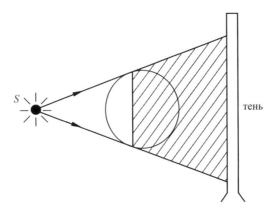

Рис. 3.11 Образование тени

Полутень—это область пространства, куда частично попадает свет от источника (Рис. 3.12).

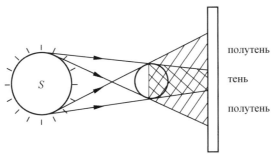

Рис. 3.12 Образование тени и полутени

Если источник света точечный, то на экране образуется чёткая тень предмета.

Если источник неточечный, то на экране образуется размытая тень (области тени и полутени).

Образованием тени при падении света на непрозрачный предмет объясняются такие явления, как **солнечное и лунное затмения.**

Вопросы:

(1) Сформулируйте закон распространения света.

(2) Что называется тенью?

(3) Что называется полутенью?

(4) При каком условии образуется чёткая тень предмета?

(5) При каком условии образуется размытая тень предмета?

(6) Чем объясняется солнечное и лунное затмения?

7. Составьте предложения по модели.

仿照示例造句。

Модель: Что есть что. —Чем является что.

Образование тени—это экспериментальное доказательство прямолинейности распространения света.

Экспериментальным доказательством прямолинейности распространения света является образование тени.

(1) Область пространства, куда не попадает свет от источника—это тень.

(2) Область пространства, куда частично попадает свет от источника—это полутень.

(3) Тень от точечного источника света—это чёткая тень предмета.

(4) Тень от неточечного источника света—это размытая тень предмета.

(5) Образование тени при падении света на непрозрачный предмет—это солнечное и лунное затмения.

8. Прочитайте текст и ответьте на вопросы.

读课文并回答问题。

Корпускулярная теория рассматривает свет как поток частиц—квантов света, или фотонов, которые испускаются при помощи светящихся тел. Ньютон предполагал, что их движение подчинено законам механики.

В соответствии с идеей Планка любое излучение происходит дискретно, то есть свет взаимодействует с атомами вещества в виде маленьких порций, которые он назвал фотонами. Энергию фотона можно определить по формуле: $E = h \cdot v$. Где v—частота фотона, h—постоянная Планка. Макс Планк, благодаря этому представлению о свете, положил начало развитию квантовой механики. Использование представлений о свете, как потоке частиц, объясняет явление фотоэффекта и закономерности теории излучения.

Волновая теория света, берущая начало от Гюйгенса, рассматривает свет как электромагнитные волны, а наблюдаемые оптические эффекты как результат сложения (интерференции) этих волн. Использование представления о свете, как о волне, позволяет объяснить явления, связанные с интерференцией и дифракцией (например, построение изображений и голографию).

Так что такое свет? Это частица или волна? Во время своего распространения, в среде или в вакууме, свет проявляет свойства волны. Когда он взаимодействует с веществом, то ведёт себя как материальная частица. Частица света—фотон—не обладает ни зарядом, ни массой в покое. Основная его характеристика—это энергия (= частота). Фотон, как и любая элементарная частица (электрон, протон, нейтрон), обладает импульсом, поэтому является частицей, но его нельзя локализовать (определить точные координаты), поэтому он является волной.

Вопросы:

(1) Как рассматривает свет корпускулярная теория света?

(2) Чьи идеи реализует корпускулярная теория света?

(3) Что такое фотон?

(4) Как определяется энергия фотона?

(5) Что объясняет корпускулярная теория света?

(6) Как рассматривает свет волновая теория света?

(7) Чьи идеи реализует волновая теория света?

(8) Что объясняет волновая теория света?

(9) Что такое свет? Это частица или волна?

9. **Найдите в тексте глаголы, от которых образованы существительные. Запишите их вместе со словами, с которыми они употребляются.**

在课文中找出下列名词的动词形式，并写出含有该动词的词组。

Модель: сообщение—сообщить информацию (В. п.)

(1) рассмотрение—_____.

(2) происхождение—_____.

(3) взаимодействие—_____.

(4) определение—_____.

(5) объяснение—_____.

(6) проявление—_____.

(7) обладание—_____.

10. **Найдите в тексте существительные, образованные от глаголов. Запишите их вместе со словами, с которыми они употребляются.**

在课文中找出下列动词的名词形式，并写出含有该名词的词组。

Модель: сообщить—сообщение информации (Р. п.)

(1) двигаться—_____.

(2) излучать—_____.

(3) представлять—_____.

(4) развивать—_____.

(5) использовать—_____.

(6) являться—_____.

(7) построить—_____.

(8) распространять—_____.

Новые слова

световой луч 光线

изотропный 各向同性的

среда 环境,介质,媒质

источник 源泉,来源

источник света 光源

излучать (НСВ)—излучить (СВ) 射出,放出

излучение света 发光

терять (НСВ)—потерять (СВ) 遗失,丧失,减少

потеря 损失,损耗

поглощение 吸收,吸入

поглощение света 光线吸收

распространéние свéта 光的传播

сопровождáться (НСВ) 伴有,有……同时发生,并发

перенóс 转移,迁移

перенóс энéргии 能量转移

увеличéние 放大率,增大,增加,提高,放大

тепловóй 热的,热力的

нагревáние 加热,加温,发热

люминесцéнтный 发光的,荧光的

облучéние 照射,辐射,曝光

рентгéновский X 射线的,X 光的

рáдиоактúвный 放射性的

наномéтр 纳米,毫微米

частотá 频率

Гц (герц) 赫兹

вúдимый 可见的

фиолéтовый 紫色的

световы́е вóлны 光波

чередовáние 交替,轮流,顺序

спектр 谱

фазáн 雉,野鸡

соотвéтствовать (НСВ) 适合于,相合,与……相符

соотвéтственно 依照,依据,分别地,相应地

убывáние 减少,降低

инфракрáсный 红外的,红外线的

замечáть (НСВ)—замéтить (СВ) 看到,察觉,发觉,注意到

у́льтрафиолéтовый 紫外线的

соотношéние 相互关系,比值,关系式

преломлéние 折射

показáтель преломлéния 折射率

скóрость свéта 光速

перечúслен (-а, -о, -ы) 列举,列入

уменьшéние 减少,降低,减弱

рáдиовóлны (复) 无线电波

инфракрáсное излучéние 红外线

вúдимый свет 可见光

у́льтрафиолéтовое излучéние 紫外线

рентгéновское излучéние X 射线,X 光

гáмма-излучéние 伽马射线

прозрáчный 透明的,透光的

прозра́чная одноро́дная среда́ 透光均匀介质
тень (阴)影,阴影,背光的地方
полуте́нь (阴)半影,半阴影
части́чно 部分地,局部地
то́чечный 点的,点状的
размы́тый 不清楚的
затме́ние 蚀,(日、月)食,变黑
со́лнечное затме́ние 日食
лу́нное затме́ние 月食
корпускуля́рный 微粒的,高能粒子的
части́ца 粒子,微粒,质点,分子
пото́к части́ц 粒子(颗粒)流
квант 量子
квант све́та 光子,光量子
фото́н 光子
испуска́ться (НСВ)放出,发射,释放
подчинён (-ена́,-ено́,-ены́) 隶属,从属于……的
дискре́тно 不连续地,离散地,简短地,分散地
эне́ргия фото́на 光子能
частота́ фото́на 光子频率
постоя́нная Пла́нка 普朗克常数
представле́ние 概念
ква́нтовая меха́ника 量子力学
фотоэффе́кт 光电效应
тео́рия излуче́ния 辐射理论
волнова́я тео́рия 波动学说
опти́ческий эффе́кт 光学效应
интерфере́нция 干涉,干扰,相互影响
дифра́кция 绕射,衍射,折射
гологра́фия 全息(摄影)术,全息学
заря́д 电荷
электро́н 电子
прото́н 质子
нейтро́н 中子
локализова́ть (НСВ,СВ) 局部化,制止……扩大,使限于局部
координа́та 坐标

专有名词

Макс Планк 马克斯·普朗克(德国物理学家)
Гю́йгенс 惠更斯(荷兰物理学家、天文学家)

Урок 6 Термодинамика
第6课 热力学

1. Прочитайте текст и ответьте на вопросы.
读课文并回答问题。

Термодинамика—раздел физики, в котором изучаются процессы изменения и превращения внутренней энергии тел, а также способы использования внутренней энергии тел в двигателях. Именно с анализа принципов первых тепловых машин, паровых двигателей и их эффективности и началась термодинамика. Этот раздел физики начинается с небольшой, но очень важной работы молодого французского физика Николя Сади Карно.

Термодинамика изучает макроскопические системы. Это системы, состоящие из очень большого числа частиц. Например, баллон с газом или воздушный шар. Описание таких систем методами классической механики невозможно—ведь мы не можем измерить скорость, энергию и другие параметры каждой молекулы газа в отдельности. Тем не менее, поведение всей совокупности частиц подчиняется статистическим закономерностям. Любой видимый нами (невооружённым глазом) предмет может быть определён как термодинамическая система.

Термодинамическая система—макроскопическое тело (состоящее из большого числа частиц), заключённое в некотором ограниченном пространстве. Термодинамические системы могут быть изолированными, закрытыми, открытыми. Изолированные термодинамические системы не обмениваются с окружающей средой ни веществом, ни энергией. В природе таких систем нет. Закрытые термодинамические системы обмениваются с окружающей средой энергией. Открытые термодинамические системы обмениваются с окружающей средой и энергией и веществом. Все живые организмы являются открытыми термодинамическими системами.

Вопросы:

(1) Что такое термодинамика? Что называется термодинамикой?

(2) С чего началась термодинамика?

(3) Что изучает термодинамика?

(4) Что такое макроскопические системы? Какие системы называют макроскопическими?

(5) Что такое термодинамические системы? Какие системы называют термодинамическими?

(6) Какими могут быть термодинамические системы?

2. Составьте предложения из слов и словосочетаний текста.
用课文中的单词和词组完成下列句子。

Модель: _____—раздел физики, изучающий _____.

Механика—раздел физики, изучающий механическое движение тел и происходящие при этом взаимодействия между ними.

（1）_____—это раздел физики, в котором изучаются процессы изменения и превращения _____, а также способы использования _____.

（2）_____—это системы, состоящие из очень большого числа _____.

（3）_____—это макроскопическое тело, _____.

（4）_____—это термодинамические системы, которые не обмениваются с окружающей средой _____.

（5）_____—это термодинамические системы обмениваются с окружающей средой _____.

（6）_____—это термодинамические системы обмениваются с окружающей средой _____.

3. Прочитайте текст и ответьте на вопросы.
读课文并回答问题。

Макроскопические параметры термодинамической системы—это физические величины, которые не относятся к каждой частице, но описывающие систему целиком. Есть параметры, которые характеризуют систему как целое. Например, масса и объём. Есть параметры, которые носят силовой характер. Это давление, температура, внутренняя энергия. Они могут приобретать разное значение в различных точках системы.

Температура—это физическая величина, характеризующая степень нагретости тела.

В термодинамике единица измерения температуры—К (кельвин). Численно один градус шкалы Кельвина равен одному градусу шкалы Цельсия.

Соотношение для перехода от градусов Цельсия к градусам Кельвина:

$$T[\text{K}] = t[\text{℃}] + 273.15 \qquad (3.6)$$

где T—температура в Кельвинах; t—температура в градусах Цельсия.

Давление—это сила, действующая перпендикулярно поверхности тела на единицу площади этой поверхности. $P = \dfrac{F}{S}$.

Обозначение—P (пэ). Для измерения давления применяются различные единицы измерения. В стандартной системе измерения СИ единицей служит Па (Паскаль).

Плотность—отношение массы вещества к объёму, занимаемому эти веществом. Обозначение—ρ (ро).

$$\rho = m/V \qquad (3.7)$$

Плотность измеряется в кг/м³ (килограмм на метр кубический) или в г/см³ (грамм на сантиметр кубический).

Удельный объём—это объём единицы массы вещества. Если однородное тело массой m занимает объём V, то по определению

$$V = \dfrac{1}{\rho} = \dfrac{V}{m} \qquad (3.8)$$

В системе СИ единица удельного объёма—1 м³/кг (метр кубический на килограмм).

Если в термодинамической системе меняется хотя бы один из параметров любого входящего в систему тела, то в системе происходит термодинамический процесс.

Основные термодинамические параметры состояния p, v, T однородного тела зависят один от другого и взаимно связаны уравнением состояния.

Для идеального газа уравнение состояния записывается в виде:

$$P \cdot v = R \cdot T \quad (3.9)$$

где P (пэ)—давление, v (вэ)—удельный объём, T (тэ)—температура, R (эр)—газовая постоянная (константа) (у каждого газа своё значение).

> Соотношение между единицами:
> 1 бар = 10^5 Па
> 1 кг/см² (атмосфера) = 9.8067×10^4 Па
> 1 мм рт. ст. (миллиметр ртутного столба) = 133 Па
> 1 мм вод. ст. (миллиметр водного столба) = 9.8067 Па

Вопросы:

(1) Что называют макроскопическими параметрами термодинамической системы?

(2) Какие параметры характеризуют систему как целое?

(3) Какие параметры носят силовой характер?

(4) Что такое температура? В каких единицах измеряют температуру в термодинамике?

(5) Что такое давление? В каких единицах измеряют давление в термодинамике?

(6) Что такое плотность? В каких единицах измеряют плотность в термодинамике?

(7) Что такое удельный объём? В каких единицах измеряют удельный объём в термодинамике?

(8) При каком условии происходит термодинамический процесс?

4. Заполните таблицу. Прочитайте.

将下表补充完整。读一读。

Параметры	Обозначение	Формула	Единица измерения
температура	T	$T = P \cdot v / R$	К
давление			
плотность			
удельный объём			

5. Прочитайте текст и ответьте на вопросы.

读课文并回答问题。

Существует несколько температурных шкал и единиц измерения температуры.

Наиболее распространённая в Европе шкала Цельсия, где нулевая температура—температура замерзания воды (= таяния льда) при атмосферном давлении, а температура кипения воды (= испарения воды) при атмосферном давлении принята за 100 градусов Цельсия (℃).

В Северной Америке используется шкала Фаренгейта. Единица измерения—°F (градус Фаренгейта).

Для термодинамических расчётов очень удобна абсолютная шкала или шкала Кельвина. Единица измерения—К (Кельвин). За ноль в этой шкале принята температура абсолютного нуля, при этой температуре прекращается всякое тепловое движение в веществе (Рис. 3.13).

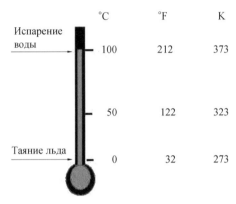

Рис. 3.13 Температурные шкалы

Вопросы:

(1) Какая температурная шкала распространена в Европе? Какова её единица измерения?

(2) Какая температурная шкала распространена в Америке? Какова её единица измерения?

(3) Какая температурная шкала принята в термодинамике? Какова её единица измерения?

6. Заполните таблицу, используя информацию текста. Прочитайте.
根据课文中的信息完成下表。读一读。

Температурная шкала	Единица измерения	Температура таяния льда	Температура испарения воды
в Европе			
в Америке			
в термодинамике			

7. Прочитайте текст и ответьте на вопросы.
读课文并回答问题。

Процесс передачи энергии от одного тела к другому без совершения работы называют теплообменом.

Количество теплоты это энергия, переданная телу в результате теплообмена.

Теплоёмкость—C (цэ)—количество теплоты, необходимое для нагревания тела массой m на 1 К.

Удельная теплоёмкость—c (цэ)—это количество теплоты, которое получает или отдает 1 кг вещества при изменении его температуры на 1 К: $c = C/m$

Для изменения температуры вещества массой m от T_1 до T_2 ему необходимо сообщить количество теплоты:

$$Q = cm \cdot (T_2 - T_1) = cm\Delta T \qquad (3.10)$$

Коэффициент c в этой формуле называют удельной теплоемкостью: $[c] = 1$ Дж/(кг·К).

При нагревании тела $Q > 0$, при охлаждении $Q < 0$.

Вопросы:

(1) Что называют теплообменом?

(2) Что такое количество теплоты?

(3) Что такое теплоёмкость?

(4) Что такое удельная теплоёмкость?

(5) Каким является Q при нагревании и при охлаждении?

8. Прочитайте текст и ответьте на вопросы.

读课文并回答问题。

Система может находится в разных состояниях. Например, мы взяли баллон с газом и начали его нагревать. Тем самым мы изменили энергию молекул газа, они стали двигаться быстрее, и система перешла в какое-то новое состояние с более высокой температурой. Но что будет, если систему оставить в покое? Тогда система через какое-то время придёт в состояние термодинамического равновесия. Термодинамическое равновесие—это состояние системы, в котором её макроскопические параметры (температура, объём и др.) остаются неизменными с течением времени.

Вопросы:

(1) Что называется термодинамическим равновесием?

(2) При каком условии возможно термодинамическое равновесие?

9. Прочитайте текст и ответьте на вопросы.

读课文并回答问题。

Самым важным законом термодинамики является первый закон. Внутреннюю энергию тела можно изменить, изменив температуру тела. Изменить температуру тела можно двумя способами: совершая работу (либо само тело совершает работу, либо над телом совершают работу внешние силы) или осуществляя теплообмен—передачу внутренней энергии от одного тела к другому без совершения работы.

Первый закон термодинамики. Количество теплоты, полученное системой, идёт на изменение внутренней энергии системы, а также на совершение работы против внешних сил.

Математическое выражение первого закона термодинамики:
$$Q = \Delta U + A \qquad (3.11)$$

Здесь Q — количество теплоты, дельта U — изменение внутренней энергии, A — работа против внешних сил. Для различных термодинамических процессов в силу их особенностей запись первого закона будет выглядеть по-разному.

В любой изолированной системе запас энергии остаётся постоянным. Поэтому невозможен вечный двигатель, совершающий работу без затраты энергии. Если работа совершается без внешнего притока энергии, она может совершаться лишь за счёт внутренней энергии системы, которая рано иди поздно иссякнет, преобразовавшись в совершённую работу.

Вопросы:

(1) Как можно изменить внутреннюю энергию тела?

(2) Какие есть способы изменить температуру тела?

(3) Что называют теплообменом?

(4) Сформулируйте первый закон термодинамики.

(5) Запишите формулу закона и объясните условные обозначения.

(6) Почему невозможен вечный двигатель?

10. Составьте предложения из слов и словосочетаний текста.

用课文中的单词或词组完成下列句子。

(1) _____ законом термодинамики является _____.

(2) _____ можно двумя способами: _____ или _____.

(3) _____ запас энергии остаётся _____.

(4) Если работа совершается _____, она может совершаться лишь за счёт _____.

11. Найдите в тексте существительные, образованные от глаголов. Запишите их вместе со словами, с которыми они употребляются.

在课文中找出下列动词的名词形式,并写出含有该名词的词组。

Модель: сообщить — сообщение информации (Р. п.)

(1) изменить — _____.

(2) совершать — _____.

(3) выражать — _____.

(4) записать — _____.

(5) затратить — _____.

Новые слова

тепловáя маши́на 热力机, 热机

паровóй 蒸汽的

паровóй двúгатель 蒸汽发动机

эффектúвность（阴）效能,效率,效力

макроскопúческий 宏观的,肉眼可见的

состоя́щий 组成的

балло́н 瓶,罐

возду́шный шар 气球

пара́метр 参数,因数,数据

моле́кула 分子

отде́льность（阴）单独,个别

тем не ме́нее 虽然,然而,尽管如此

статистúческий 统计的,统计学的

невооружённый глаз 肉眼(不用任何镜子或仪器)

термодинамúческая систе́ма 热力学系统

изолúрованный 单独的,孤独的,绝缘的

обмéниваться（НСВ）—обменя́ться（СВ）交换,互换,交流

окружа́ющая среда́ 周围环境

целико́м 完全

характеризова́ть（НСВ,СВ）评定,鉴定,说明……的性质

приобрета́ть（НСВ）—приобрестú（СВ）获得,买到,具有

нагре́тость（阴）加热度,加热性

К（Ке́львин）开尔文

шкала́ 标度,刻度

С（Це́льсий）摄氏,摄氏温度计

перехо́д 转化

перпендикуля́рно 垂直地

станда́ртный 标准的,合乎规格的,公式化的

паска́ль（阳）帕

уде́льный 单位的,比的,比率的

уде́льный объём 比容,单位容积

входя́щий 进入的,凸出的

термодинамúческий проце́сс 热力学过程,热力循环

идеа́льный 理想的

запúсываться（НСВ）—записа́ться（СВ）记录,登记,写下来

га́зовая постоя́нная 气体常数

конста́нта 常数,恒量

рту́тный 汞的,水银的

столб 柱子,杆

атмосфе́рный 大气的,大气层的

атмосфе́рное давле́ние 大气压(力)

кипéние 沸腾
F（Фаренгéйт）华氏，华氏温度计
прекращáться（НСВ）—прекратúться（СВ）停止，中断，不再
теплообмéн 热交换
теплоёмкость（阴）热容（量），比热
нагревáть（НСВ）—нагрéть（СВ）加热
охлаждéние 冷却，变冷
термодинамúческое равновéсие 热力（学）平衡
осуществлять теплообмéн 实现热交换
дéльта 表示变数的增量，三角
запáс 储备，储存
вéчный двúгатель 永动机
затрáта 消耗
притóк 支流，流入
притóк энéргии 能流，能量进入量
засчёт 依靠
иссякнуть（СВ）—иссякáть（НСВ）干涸，用完，竭尽

专有名词

Николя Садú Карнó 尼古拉·萨迪·卡诺（法国物理学家）

Урок 7　Электростатика
第7课　静电学

1. Прочитáйте текст и отвéтьте на вопросы.

读课文并回答问题。

Электростáтика—раздел физики, изучáющий взаимодéйствие неподвúжных электрúческих зарядов.

Электрúческий заряд—это физúческая величинá, характеризующая свóйство частúц или тел вступáть в электромагнúтные силовые взаимодéйствия. Едúница измерéния заряда в системе СИ—Кл（кулон）.

Выделяется два вúда зарядов: положúтельные и отрицáтельные. Положúтельный заряд возникáет при трéнии стеклá о кóжу или шёлк, а отрицáтельный при трéнии янтаря（или эбонúта）о шерсть. Одноимённые заряды（частúцы с одинáковыми зарядами）отталкиваются друг от друга（происхóдит отталкивание）, а разноимённые притягиваются（частúцы с разными зарядами）（происхóдит притяжéние）.

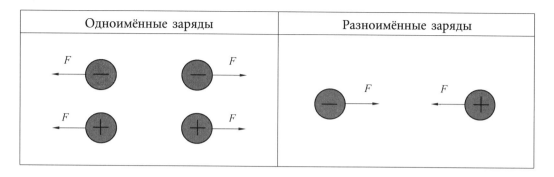

Вопросы:

(1) Что такое электростатика? Что называют электростатикой?

(2) Что характеризует электрический заряд? Что является его единицей измерения?

(3) Когда возникает положительный заряд? Когда возникает отрицательный заряд?

(4) Как ведут себя одноимённые и разноимённые заряды?

2. Найдите в тексте существительные, образованные от глаголов. Запишите их вместе со словами, с которыми они употребляются.

在课文中找出下列动词的名词形式，并写出含有该名词的词组。

Модель: сообщить—сообщение информации (Р. п.)

(1) взаимодействовать— _____.

(2) тереть— _____.

(3) отталкивать— _____.

(4) притягивать— _____.

3. Прочитайте текст и ответьте на вопросы.

读课文并回答问题。

Процесс приобретения телом положительного или отрицательного заряда называют электризацией. Объяснить электризацию тел можно с точки зрения атомной физики. Атомы—мельчайшие частицы того или иного вещества, которые состоят из отрицательно заряжённых электронов и положительно заряженных протонов. Протоны вместе с нейтрально заряженными нейтронами составляют ядро атома, а электроны вращаются вокруг этих ядер по своим орбитам. Заряды протона и электрона равны элементарному заряду $e = \pm 1.6 \cdot 10^{19}$ Кл (e равно плюс-минус одна целая шесть десятых на десять в минус девятнадцатой степени) (с плюсом для протона и минусом для электрона).

В нейтральном атоме количество протонов и электронов одинаковое, поэтому и заряд такого атома равен нулю. Но стоит атому потерять один или несколько электронов, как баланс нарушается и заряд атома становится равным заряду его протонов, оставшихся без электронной пары. И наоборот, если атом приобретает лишние электроны, то его заряд становится равным заряду приобретённых отрицательных электронов. Если обозначить количество излишних или недостающих электронов за N, то общий заряд можно найти по следующей формуле:

$$q = \pm Ne \qquad (3.12)$$

Отсюда следует что величина заряда всегда кратна элементарному заряду.

Вопросы：

（1）Что называют электризацией? Что такое электризация?

（2）Что такое атомы? Из чего состоят атомы?

（3）Какой заряд имеют электроны, протоны и нейтроны?

（4）Где находятся в атоме электроны, протоны и нейтроны?

（5）Чему равны заряды протона и электрона?

（6）Чему равен заряд атома?

（7）Когда заряд атома становится положительным? Когда заряд атома становится отрицательным?

（8）Как найти величину заряда атома?

4. Вставьте в предложения потому что или поэтому.

用 **потому что** 或 **поэтому** 填空。

（1）В нейтральном атоме количество протонов и электронов одинаковое, _____ и заряд такого атома равен нулю.

（2）Заряд атома равен нулю, _____ нейтральном атоме количество протонов и электронов одинаковое.

（3）Иногда атом теряет электроны, _____ заряд атома становится равным заряду его протонов, оставшихся без электронной пары.

（4）Заряд атома становится равным заряду его протонов, _____ атом теряет электроны.

（5）Иногда атом приобретает лишние электроны, _____ заряд становится равным заряду приобретённых отрицательных электронов.

（6）Заряд становится равным заряду приобретённых отрицательных электронов, _____ атом приобретает лишние электроны.

5. Прочитайте текст и ответьте на вопросы.

读课文并回答问题。

Поле—это особое свойство материи, когда тела, находящиеся в нём, испытывают силовое влияние со стороны других тел. **Интенсивность** этого влияния может быть различна, и поэтому для её измерения вводится понятие заряда. Чем больший заряд имеет тело, с тем большей силой оно участвует во взаимодействии с полем. Например, для **гравитационного поля** в качестве гравитационного заряда выступает масса тела. Чем она больше, тем больше силы гравитации между объектами, обладающими массой.

Точно так же, тела, обладающие электрическим зарядом, взаимодействуют с полем и друг с другом, причём тем сильнее, чем больше заряды.

Наиболее просто сообщить телу заряд можно с помощью трения. Многие тела при взаимном трении приобретают электрические свойства.

Но в отличие от гравитации, где массы всегда притягиваются друг к другу, в электростатике притяжение испытывают заряды разных знаков, а заряды одного знака отталкиваются.

Многие видели, как расчёска при расчёсывании волос начинает притягивать мелкие кусочки бумаги. Это происходит потому, что расчёска от трения приобретает некоторый заряд.

Приближение этого заряда к кусочкам бумаги приводит к тому, что внутри них происходит смещение заряженных частиц (**поляризация**). Одни частицы притягиваются к расчёске, и смещаются ближе к ней. Другие—отталкиваются. Более близкие заряды притягиваются сильнее, чем далёкие, равнодействующая сила притяжения оказывается больше, и бумажный кусочек притягивается.

Вопросы:

(1) Что такое поле? Что называется полем?

(2) От чего зависит интенсивность поля?

(3) Как можно сообщить телу заряд?

(4) Почему расчёска притягивает мелкие кусочки бумаги?

(5) Что такое поляризация? Что называют поляризацией?

(6) Какие заряды притягиваются сильнее, а какие слабее?

6. Найдите в тексте существительные, образованные от глаголов. Запишите их вместе со словами, с которыми они употребляются.

在课文中找出下列动词的名词形式,并写出含有该名词的词组。

Модель: сообщить—сообщение информации (Р. п.)

(1) влиять— _____.

(2) взаимодействовать— _____.

(3) тереть— _____.

(4) притягивать— _____.

(5) расчёсывать— _____.

(6) приближать— _____.

(7) смещать— _____.

7. Прочитайте текст и ответьте на вопросы.

读课文并回答问题。

Опыт показывает, что электризация тел не создаёт заряды в телах, а только перераспределяет их.

Если тело в результате трения получило электрический заряд, то обязательно существует другое тело, которое тоже получило такой же по величине, но противоположный по знаку заряд (чаще всего, это второе тело, участвовавшее в трении). Данная особенность—это проявление одного из законов сохранения.

Закон сохранения заряда. В изолированной системе алгебраическая сумма зарядов остаётся постоянной.

$$q_1 + q_2 + \ldots q_n = \text{const} \tag{3.13}$$

Закон сохранения заряда выполняется даже в случае, когда его носители (элементарные частицы) исчезают, превращаясь в совсем другие частицы. Например, свободный нейтрон, не имеющий заряда, может самопроизвольно превратиться в три совсем других частицы (протон, электрон и антинейтрино), две из которых обладают зарядом. Однако суммарный заряд этих трёх частиц по-прежнему останется нулевым.

Вопросы:

(1) Что происходит при электризации?

(2) Что значит, если тело в результате трения получило электрический заряд?

(3) Сформулируйте закон сохранения заряда?

8. **Найдите в тексте глаголы, от которых могут быть образованы существительные. Запишите их вместе со словами, с которыми они употребляются.**

在课文中找出下列名词的动词形式,并写出含有该动词的词组。

Модель: сообщение—сообщить информацию (В. п.)

(1) создание— _____.

(2) перераспределение— _____.

(3) получение— _____.

(4) сохранение— _____.

(5) превращение— _____.

(6) обладание— _____.

9. **Прочитайте текст и ответьте на вопросы.**

读课文并回答问题。

Проводники и диэлектрики—основные вещества, которые широко используются в электротехнике и имеют прямо противоположное назначение.

Проводники—это вещества, в которых достаточное количество свободных электронов. При наличии разности потенциалов они проводят электрический ток.

Хорошими проводниками являются металлы, растворы кислот, щелочей, солей и просто вода с примесями.

Наиболее распространёнными металлами, которые используются в качестве проводников, являются медь, алюминий, цинк, железо.

В измерительных приборах и дорогостоящей технике в качестве проводников применяют серебро. Иногда ним для улучшения проводимости покрывают только поверхность медных проводников.

Сопротивление проводников зависит от диаметра провода. Чем больше диаметр, тем меньше сопротивление, ниже потери и проводник меньше нагревается. Чем больше ток, тем толще должны быть проводники.

Проводники имеют свободные заряды, которые при внесении тела в электрическое поле перераспределяются и оказываются на поверхности проводника. Внутри тела заряд равен нулю. Внутри электрического поля не существует.

Диэлектрики—это вещества, в которых отсутствуют свободные электроны. Они не проводят электрический ток, их ещё называют изоляторами (они изолируют).

К ним относятся: слюда, пластмассы, стекло, фарфор, каучук, смолы, дистиллированная вода, воздух и т. д.

Диэлектрики имеют связанные заряды—диполи. Электрический диполь—это система, состоящая из двух точечных равных по величине и противоположных по знаку зарядов, находящихся на расстоянии друг от друга.

При внесении в электрическое поле они поляризуются и на поверхности появляются электрические заряды. Внутри тела заряд равен нулю. Электрическое поле внутри однородного диэлектрика ослабляется в E (Рис. 3.14).

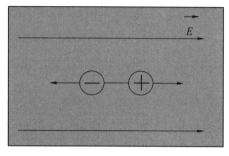

Рис. 3.14 Диэлектрики в электрическом поле

Основными электрическими характеристиками диэлектриков являются удельное сопротивление "ρ" и электрическая прочность "$E пр$".

Удельное сопротивление показывает величину сопротивления в Ом, при его толщине величиной 1 см.

Электрическая прочность показывает предельную величину напряжения в вольтах, при которой диэлектрик не разрушается и он сохраняет свои изоляционные свойства.

Проводники	Диэлектрики
↓	↓
Все металлы	Пластмассы, стекло, фарфор, каучук, смолы, воздух
↓	↓
Имеются заряженные частицы (заряды частиц = свободные заряды)	Состоят из нейтральных в целом атомов или молекул
↓	↓
Частицы способны перемещаться внутри проводника под действием электрического поля	Заряженные частицы связаны друг с другом и не могут перемещаться под действием поля во всему тела

Вопросы:

(1) Что такое проводники и диэлектрики?

(2) Какие вещества называются проводниками? Приведите примеры проводников.

(3) Какие вещества чаще всего применяют в качестве проводников?

(4) От чего зависит сопротивление проводников?

(5) Как связаны диаметр провода, сопротивление и ток?

(6) Какие вещества называются диэлектриками? Приведите примеры диэлектриков.

(7) Что называют диполем?

(8) Что называют удельным сопротивлением и электрической прочностью?

Новые слова

электроста́тика 静电学
неподви́жный 静止的
электри́ческий заря́д 电荷
электромагни́тные силовы́е взаимоде́йствия 电磁力相互作用
Кл（кулóн）库伦
положи́тельный заря́д 正电荷
отрица́тельный заря́д 负电荷
возника́ть（НСВ）—возни́кнуть（СВ）产生，出现，发生
янта́рь（阳）琥珀
эбони́т 硬橡胶
шерсть（阴）羊毛
одноимённые заря́ды 同性电荷
отта́лкиваться（НСВ）—оттолкну́ться（СВ）互相排斥
разноимённые заря́ды 异性电荷
приобрете́ние 获得，具有
электриза́ция 起电，带电
мельча́йший 最小的
заря́женный 带电荷的
нейтра́льно 中立地，中性地
ядро́ а́тома 原子核
орби́та 轨道
изли́шний 过分的，多余的
недостаю́щий 缺少的，短缺的
кра́тен（-тна, -тно, -тны）除得尽的，倍数
испы́тывать（НСВ）—испыта́ть（СВ）感到，受到，遭到
расчёска 梳子
расчёсывание 梳理
кусо́чек 段，小块，小片
приближе́ние 接近，靠近
смеще́ние 移动，改变
смеща́ться（НСВ）—смести́ться（СВ）移动
поляриза́ция 极化，极化作用
равноде́йствующий 合力的，合量的，合成的
проявле́ние 表明，显示，表示
зако́н сохране́ния заря́да 电荷守恒定律
алгебраи́ческий 代数的
исчеза́ть（НСВ）—исче́знуть（СВ）消失，消逝

самопроизво́льно 不由自主地，自发地
антинейтри́но 反中微子
сумма́рный 总的，总和的，累计的
проводни́к 导体，导线
диэле́ктрик 电介质，介质
электроте́хника 电工学，电工技术
назначе́ние 用途，功用
нали́чие 存在，具备，在场
при нали́чии 当……在场时
раство́р 溶液
кислота́ 酸
щёлочь(阴) 碱
при́месь(阴) 添加剂，混合物
медь(阴) 铜
ме́дный 铜的
алюми́ний 铝
цинк 锌
желе́зо 铁
дорогосто́ящий 昂贵的，高价的
серебро́ 银
улучше́ние 改进，改善
проводи́мость(阴) 传导性，导电性
покрыва́ть（НСВ）—покры́ть（СВ）盖上，包上，涂上
нагрева́ться（НСВ）—нагре́ться（СВ）热起来，变热
слюда́ 云母
пластма́сса 塑料，塑胶
фарфо́р 瓷，陶瓷
каучу́к 橡胶，生胶
смола́ 树脂，焦油，松香，胶质物
дистилли́рованный 蒸馏的
дипо́ль(阳) 偶极子
электри́ческий дипо́ль 电偶极子
поляризова́ться（НСВ, СВ）极化
ослабля́ться（НСВ）—осла́биться（СВ）使松弛，缓和，放松，变弱
про́чность(阴) 坚固(性)，强度
электри́ческая про́чность 电强度
Ом 欧姆
преде́льная величина́ 转化值
изоляцио́нный 绝缘的

Раздел 4 Язык химии
第4章 化学篇

Урок 1 Классификация химических элементов
第1课 化学元素的分类

1. Познакомьтесь с элементами таблицы Д. И. Менделеева. Прослушайте русские названия элементов, поставьте в словах ударения. Прочитайте и обратите внимание, совпадают или не совпадают русские названия символов и их чтения в таблице 4.1 (А) и таблице 4.1 (Б).
了解门捷列夫元素周期表,读并注意在表 4.1(А)和表 4.1(Б)中元素符号的俄语名称与其读法是否一致。

Таблица 4.1(А) Русские названия символов и их чтение

Русское название химического элемента	Символ элемента	Чтение символа	Латинское название
Алюминий	Al	Алюминий	Aluminium
Барий	Ba	Барий	Barium
Бериллий	Be	Бериллий	Beryllium
Бор	B	Бор	Borum
Бром	Br	Бром	Bromum
Йод	I	Йод	Iodum
Калий	K	Калий	Kalium
Кальций	Ca	Кальций	Calcium
Кобальт	Co	Кобальт	Cobaltum
Литий	Li	Литий	Lithium
Магний	Mg	Магний	Magnesium
Марганец	Mn	Марганец	Manganese
Молибден	Mo	Молибден	Molybdaenum

Продолжение таблицы 4.1(А) Русские названия символов и их чтение

Русское название химического элемента	Символ элемента	Чтение символа	Латинское название
Натрий	Na	Натрий	Natrium
Никель	Ni	Никель	Niccolum
Платина	Pt	Платина	Platinum
Плутоний	Pu	Плутоний	Plutonium
Титан	Ti	Титан	Titanium
Уран	U	Уран	Uranium
Фтор	F	Фтор	Fluorine
Хлор	Cl	Хлор	Chlorine
Хром	Cr	Хром	Chromium
Цезий	Cs	Цезий	Cesium
Цинк	Zn	Цинк	Zincum

Таблица 4.1(Б) Русские названия символов и их чтение

Русское название химического элемента	Символ элемента	Чтение символа	Латинское название
Азот	N	Эн	Nitrogenium
Водород	H	Аш	Hydrogenium
Железо	Fe	Феррум	Ferrum
Золото	Au	Аурум	Aurum
Кислород	O	О	Oxygenium
Кремний	Si	Силициум	Silicium

Продолжение таблицы 4.1(Б)　　Русские названия символов и их чтение

Русское название химического элемента	Символ элемента	Чтение символа	Латинское название
Медь	Cu	Купрум	Cuprum
Мышьяк	As	Арсеникум	Arsenicum
Олово	Sn	Станнум	Stannum
Ртуть	Hg	Гидраргирум	Hydrargyrum
Свинец	Pb	Плюмбум	Plumbum
Сера	S	Эс	Sulfur
Серебро	Ag	Аргентум	Argentum
Сурьма	Sb	Стибиум	Stibium
Углерод	C	Цэ	Carboneum
Фосфор	P	Пэ	Phosphorus

2. Выпишите из таблиц 4.1(А) и 4.1(Б) по 4 примера слов мужского, женского и среднего рода. Измените их по падежам.

从表 4.1(А) 和表 4.1(Б) 中第一列分别找出 4 个阳性、阴性、中性名词并变格。

Род	Слова	И. п.	Р. п.	Д. п.	В. п.	Т. п.	П. п.
М. р.							
Ж. р.							
Ср. р.							

3. （а）**Напишите названия химических элементов. Прочитайте.**
写出下列化学元素符号的名称，读一读。

Al		K	
B		Li	
Br		Mg	
Ca		Mn	
Cl		N	
C		Na	
Fe		P	
I		S	
Ni		Hg	
Co		Ag	
He		Be	

（б）**Со словами из таблицы составьте предложения по модели.**
仿照示例用表格中的单词进行问答。

Модель: Al Как называется этот элемент?
　　　　 Этот элемент называется "алюминий".

4. （а）**Напишите символы к названиям элементов. Прочитайте.**
根据下列元素名称写出其对应的元素符号，读一读。

серебро		железо	
золото		водород	
бром		ртуть	
углерод		магний	
кальций		марганец	
хлор		кремний	
медь		мышьяк	
фтор		цинк	
кислород		фосфор	
азот		селен	
уран		титан	
олово		радий	

（6）Со словами из таблицы составьте словосочетания по модели.

仿照示例组词组。

Модель: O [о] — символ кислорода. （символ +Р. п. [какого химического элемента]）

Обозначать/обозначить что? как?	**Символ** Al **обозначает** элемент алюминий. **Символом** Al **обозначают** элемент алюминий.
Обозначаться чем?	**Элемент** алюминий **обозначается** символом Al.
Распределять/распределить что? куда? как? Распределяться где? как?	Химические **элементы распределяются** по группам и периодам.
Размещать/разместить что? где?	Химический **элемент** Al **разместили** в 3 периоде и в III группе.
Размещаться/разместиться в чём? где?	Химический **элемент** Al **размещается** в 3 периоде и в III группе.

5. Прочитайте текст и ответьте на вопросы.

读课文并回答问题。

В химии используют химические символы, чтобы было легче изучать состав и свойства вещества. Шведский химик Берцелиус Йёнс Якоб предложил их **обозначать** одной или двумя буквами латинского названия. Водород（лат. Hydrogenium—гидрогениум）**обозначается** буквой H, ртуть（лат. Hydrargyrum—гидраргирум）буквами Hg и т. д.

Латинские буквы, принятые в качестве названий химических элементов, называют химическими символами（=химическими знаками）.

Каждый химический элемент **разместился** в Периодической системе в определённой ячейке и имеет свой порядковый номер. Порядковый номер элемента—это заряд ядра его атома. Например, порядковый номер элемента калия—19, следовательно, заряд ядра его атома +19. Вокруг ядра атома калия размещаются 19 электронов с общим отрицательным зарядом 19.

Часто символ элемента пишут с цифрами: O_2, Na^+. Эти цифры обозначают разную информацию:

O_2 O_3	число атомов в молекуле—справа внизу: O_2—молекула кислорода, состоит из 2 атомов кислорода; O_3—молекула озона, состоит из 3 атомов кислорода
Na^+	заряд иона—справа вверху: Na^+ ион натрия с зарядом +1
$_8O$	порядковый номер (=заряд ядра его атома= количество протонов в ядре)—слева внизу: $_8O$—атом кислорода с зарядом ядра, равным 8
^{16}O	атомная масса—слева вверху: ^{16}O—атом кислорода с атомной массой, равной 16.

Каждый элемент в Периодической системе имеет следующие характеристики:

1 - символ химического элемента;
2 - русское название;
3 - порядковый номер химического элемента (=заряд ядра= количество протонов в ядре);
4 - атомная масса.

Учёные пытались создать классификацию химических элементов задолго до Менделеева. И сам Дмитрий Менделеев работал над ней 20 лет. Было мало экспериментальных данных: известно всего 63 химических элемента и значения атомных масс многих из них неверны.

Менделеев расположил химические элементы в зависимости от их атомной массы. Учёный установил, что с увеличением атомной массы химические свойства элементов меняются периодически. Так, калий похож на натрий, фтор—на хлор, а золото схоже с серебром и медью. В 1871 году он окончательно объединил идеи в периодический закон. Он также предсказал новые химические элементы и описал их химические свойства.

Вопросы:

(1) Что такое химические символы?
(2) Какими знаками обозначают химические элементы?
(3) Где расположены химические элементы?
(4) Что обозначает порядковый номер элемента?
(5) Что обозначают цифры справа внизу от химического символа?
(6) Что обозначают цифры справа вверху от химического символа?
(7) Что обозначают цифры слева внизу от химического символа?
(8) Что обозначают цифры слева вверху от химического символа?
(9) Какие характеристики имеет каждый элемент в Периодической системе?
(10) В зависимости от чего расположил химические элементы Менделеев?
(11) Что учёный сделал в 1871 году?

6. Составьте предложения с глаголом обозначать по модели.

仿照示例用 **обозначать** 造句。

Модель: Символ Fe［феррум］обозначает химический элемент "железо".

Au, B, Ca, Co, Fe, Ni, Pt, Sn, N, H, O, Si, Cu, As, Pb, S, Sb, C, P.

7. Прочитайте текст и ответьте на вопросы.

读课文并回答问题。

Таблица химических элементов

Каждый элемент занимает в периодической таблице определённую ячейку, в которой указаны символ и название элемента, его порядковый номер, относительная атомная масса.

Каждый элемент занимает в периодической таблице определённую ячейку, в которой указаны символ и название элемента, его порядковый номер, относительная атомная масса. Основные структурные единицы периодической системы—**периоды** и **группы**. В периодической таблице горизонтальные ряды химических элементов называются **периодами**, а **вертикальные** ряды—**группами**.

Период—это горизонтальный ряд элементов, элементы в котором расположены в порядке возрастания заряда атомного ядра. Всего их 7.

Во всех периодах слева направо **металлические свойства** элементов уменьшаются, а **неметаллические свойства** увеличиваются.

Все периоды, кроме первого, начинаются со **щелочных металлов** (Li, Na, K, Rb, Cs, Fr) и заканчиваются, за исключением седьмого, незавершённого, **инертными элементами** (He, Ne, Ar, Kr, Xe, Rn). В пределах одного периода свойства элементов меняются постепенно, а при переходе от предыдущего периода к следующему наблюдается резкое изменение свойств, поскольку начинает заполняться новый энергетический уровень.

Группы—это вертикальные ряды элементов в периодической таблице, в которых одинаковое количество электронов на внешнем энергетическом уровне.

В коротком варианте периодической таблицы их 8, а в длинном (современном)—18. Номер группы равен количеству электронов на внешнем энергетическом уровне.

В группах сверху вниз увеличивается **заряд ядер** и **радиус атомов**, а также **число энергетических уровней**.

Вопросы:

(1) Что является основными структурными единицами периодической системы?

(2) Что такое период? Что называется периодом?

(3) Чему равен номер периода?

(4) Как изменяются свойства элементов во всех периодах слева направо?

(5) Как меняются свойства элементов в пределах периода?

(6) Как меняются свойства элементов при переходе из одного периода в другой?

(7) Назовите щелочные металлы.

(8) Назовите инертные элементы.

(9) Что такое группа?

(10) Чему равен номер группы?

(11) Как изменяется заряд ядер в группах сверху вниз?

8. С глаголами разместить и размещаться составьте предложения по модели.

按照示例用 **разместить** 和 **размещаться** 造句。

Модель: Химический элемент Fe [феррум] разместили в 4 периоде и в VIII группе. Химический элемент Fe [феррум] размещается в 4 периоде и в VIII группе.

Ca, B, K, Mg, N, P, S.

> **Новые слова**

ба́рий 钡

бери́ллий 铍

бор 硼

бром 溴

йод 碘

ка́лий 钾

ка́льций 钙

ко́бальт 钴

ли́тий 锂

ма́гний 镁

ма́рганец 锰

молибде́н 钼

на́трий 钠

ни́кель(阳)镍

пла́тина 铂

плуто́ний 钚

тита́н 钛

ура́н 铀

фтор 氟

хлор 氯

хром 铬

це́зий 铯

азо́т 氮

водоро́д 氢,氢气

кислоро́д 氧,氧气

кре́мний 硅

мышья́к 砷

о́лово 锡

свине́ц 铅

се́ра 硫

сурьма́ 锑

углеро́д 碳

фо́сфор 磷

обознача́ться (НСВ) 用……表示

распределя́ть (НСВ) — распредели́ть (СВ) 分配, 分类整理出

распределя́ться (НСВ) 分配

размеща́ть (НСВ) — размести́ть (СВ) 分别安置到, 布置, 分布

размеща́ться (НСВ) — размести́ться (СВ) 分别安置到

шве́дский 瑞典的

гидроге́ниум 氢的拉丁语名称

хими́ческий симво́л (= хими́ческийи знак) 化学符号

хими́ческий элеме́нт 化学元素

периоди́ческий 周期的

периоди́ческий зако́н 周期律

поря́дковый 顺序的

поря́дковый но́мер 顺序号码

сле́довательно 所以, 因此

ио́н 离子

классифика́ция 分类, 分类法

задо́лго 早在, 以前

оконча́тельно 最终地, 彻底地

предсказа́ть (СВ) — предска́зывать (НСВ) 预言, 预告, 预报

металли́ческий 金属的

неметалли́ческий 非金属的

относи́тельная а́томная ма́сса 相对原子质量

пери́од 周期

гру́ппа 组

щелочно́й 碱的, 碱性的

щелочно́й мета́лл 碱金属

незавершённый 没做完的, 未完工的, 未完成的

ине́ртный 惯性的, 惰性的, 不活泼的

ине́ртный элеме́нт 惰性元素

предыду́щий 以前的, 上述的

ре́зкий 强烈的, 显著的

энергети́ческий у́ровень 能级

заря́д ядра́ 原子核电荷

ра́диус 半径, 射程

ра́диус а́тома 原子半径

专有名词

Йёнс Якоб Берце́лиус 永斯·雅各布·贝采利乌斯（瑞典化学家）

Урок 2 Химические вещества
第 2 课 化学物质

1. Прочитайте текст и ответьте на вопросы.

读课文并回答问题。

Все вещества по составу делятся на две группы: простые и сложные. Простые состоят из атомов одного химического элемента. Сложные вещества состоят из атомов разных химических элементов. Например, **кислород** (O_2)—это простое вещество. Вода (H_2O)—это сложное вещество.

Простые вещества могут состоять из одного (He, Ne, Kr и т. д.), двух (O_2, N_2, Cl_2, H_2 и т. д.) и большего числа атомов (S_8) одного элемента.

Молекулы сложных веществ состоят из атомов разных химических элементов: Al_2O, Fe_2O, HCl, H_2SO_4.

Простые вещества по свойствам делятся на металлы и неметаллы.

Например, **железо** (**Fe**)—это металл. **Фосфор** (**P**)—это неметалл.

По составу и свойствам сложные вещества делятся на несколько групп. Главные группы—это оксиды, гидроксиды, соли, кислоты.

Вопросы:

(1) На какие группы делятся все вещества?

(2) На какие группы делятся простые вещества?

(3) На какие группы делятся сложные вещества?

(4) По какому признаку все вещества делятся на группы?

(5) По какому признаку простые вещества делятся на металлы и неметаллы?

(6) По какому признаку делятся сложные вещества?

2. Составьте предложения по модели.

仿照示例造句。

Модель: Что какое существует. — Что может быть каким. Что бывает каким.

Известно, что в природе существуют простые и сложные вещества. — Известно, что в природе вещества могут быть простыми и сложными. Известно, что в природе вещества бывают простыми и сложными.

(1) В природе существуют твёрдые, жидкие и газообразные вещества.

(2) Существует твёрдое, жидкое и газообразное топливо.

(3) Существует механическое движение двух видов: равномерное и неравномерное.

（4）Существует механическое движение двух видов: прямолинейное и криволинейное.

（5）Существует электрическая, механическая и тепловая энергия.

3. Скажите, по какому признаку классифицируют объекты.
请说说以下物质是按什么特征进行分类的。

А. по свойствам　　Б. по агрегатному состоянию　　В. по составу

Г. больше или меньше нуля　　Д. по характеру траектории

（1）Все вещества делятся на простые и сложные. _____.

（2）Простые вещества делятся на металлы и неметаллы. _____.

（3）Вещества делятся на твёрдые, жидкости и газы. _____.

（4）В математике числа могут быть положительными и отрицательными. _____.

（5）Движение тела может быть прямолинейным и криволинейным. _____.

4. Запишите форму творительного падежа слов.
写出下列单词的第五格形式。

	И. п. что	Т. п. чем
-ом	вещество	
	газ	
	вид	
	металл	
-ю	жидкость	
	ковкость	
	теплопроводность	
	электропроводность	
-ей	химия	
	частица	
-ой	молекула	
	физика	

5. Напишите предложения со словом "являться".
请用"являться"改写下列句子。

Модель: Металл—простое вещество. Металл является простым веществом.

（1）Хлор—газ.

（2）Мел—твёрдое вещество.

（3）Вода—жидкость.

（4）Сера—простое вещество.

（5）Серная кислота—сложное вещество.

（6）Железо—это металл.

（7）Фосфор—неметалл.

（8）Оксиды, гидроксиды, кислоты и соли—это сложные вещества.

（9）Железо и фосфор—твёрдые вещества.

（10）Уголь—это твёрдое вещество.

（11）Нефть—жидкость.

6. Закончите предложения, используя названия групп веществ: простые вещества—сложные вещества; металлы—неметаллы; твёрдые вещества—жидкости—газы.
按照题目中的物质分类续写句子。

（1）Вода является _____.

（2）Водород является _____.

（3）Мел является _____.

（4）Ртуть является _____.

（5）Сера является _____.

（6）Гелий является _____.

7. Составьте предложения из слов.
连词成句。

（1）Сера; простое вещество.

（2）Сложные вещества; вода; мел.

（3）Серная кислота; жидкое вещество.

（4）Уголь; нефть; твёрдое вещество; а; жидкое вещество.

（5）Твёрдые вещества; все металлы.

（6）Механическое движение; самый простой вид движения.

8. Используя слова из двух колонок, составьте предложения со словом "являться" по модели.
按照示例用左右两列中的单词或词组造句。

Модель: Что является чем. —Огурец является овощем.

1 позиция	2 позиция
яблоко	фрукт
золото	металл
серная кислота	сложное вещество
металл	твёрдое вещество
гелий	газ
механическое движение	простой вид движения
нефть	жидкое вещество

Что называется чем.	Наука, которая изучает вещества, называется химией.
Чем называется что.	Химией называется наука, которая изучает вещества.
Что—это что.	Химия—это наука, которая изучает вещества.

Что называется чем = Чем называется что = Что—это что

9. Прочитайте вопросы и ответы на них.

读下列问题和答案。

（1）Вопрос: Как называется наука, которая изучает вещества?

Ответ: Наука, которая изучает вещества, называется химией.

（2）Вопрос: Что называется химией?

Ответ: Химией называется наука, которая изучает вещества.

（3）Вопрос: Что такое химия?

Ответ: Химия—это наука, которая изучает вещества.

10. Выберите предложения, которые наиболее точно отвечают на вопросы.

选出下列问题的正确答案。

（1）Как называется наименьшая частица вещества?	（а）Молекула—это наименьшая частица вещества. （б）Наименьшая частица вещества—это молекула. （в）Наименьшая частица вещества называется молекулой.
（2）Что такое молекула?	（а）Наименьшая частица вещества называется молекулой. （б）Молекулой называется наименьшая частица вещества. （в）Молекула—это наименьшая частица вещества.
（3）Как называется наука о природе?	（а）Физика—это наука о природе. （б）Физикой называется наука о природе. （в）Наука о природе называется физикой.
（4）Что такое физика?	（а）Наука о природе называется физикой. （б）Физика—это наука о природе. （в）Наука о природе—это физика.

	Что（И. п.）—это что（И. п.）чего（Р. п.）
	H（аш）—это символ водорода.
	Hg（гидраргирум）—это символ ртути.
	H_2O（аш два о）—это формула воды.
	H_3PO_4（аш три пэ о четыре）—это формула фосфорной кислоты.

11. Слушайте и читайте.

听一听，读一读。

I.

Hg（гидраргирум）—это символ ртути.

F（фтор）—это символ фтора.

As（арсеникум）—это символ мышьяка.

Si（силициум）—это символ кремния.

Cu（купрум）—это символ меди.

S（эс）—это символ серы.

H（аш）—это символ водорода.

Ag（аргентум）—это символ серебра.

O（о）—это символ кислорода.

C（цэ）—это символ углерода.

Sn（станнум）—это символ олова.

P（пэ）—это символ фосфора.

N（эн）—это символ азота.

Au（аурум）—это символ золота.

Fe（фэррум）—это символ железа.

II.

O_2（о два）—это формула кислорода.

O_3（о три）—это формула озона.

N_2（эн два）—это формула азота.

Cl_2（хлор два）—это формула хлора.

H_2O（аш два о）—это формула воды.

$CaCO_3$（кальций цэ о три）—это формула карбоната кальция.

C_2H_5OH（цэ два аш пять о аш）—это формула этанола.

$C_{12}H_{22}O_{11}$（цэ двенадцать аш двадцать два о одиннадцать）—это формула сахара.

NaCl（натрий хлор）—это формула хлорида натрия.

HCl（аш хлор）—это формула соляной кислоты.

H_2SO_4（аш два эс о четыре）—это формула серной кислоты.

H_2CO_3（аш два цэ о три）—это формула угольной кислоты.

H_3PO_4（аш три пэ о четыре）—это формула фосфорной кислоты.

HNO_3(аш эн о три)—это формула азотной кислоты.

H_3BO_3(аш три бор о три)—это формула борной кислоты.

$HClO_4$(аш хлор о четыре)—это формула хлорной кислоты.

12. Составьте предложения по модели.

按照示例造句。

Модель 1：F（эф）—это символ фтора.

Ag, Hg, Al, I, Ar, K, Au, Mg, As, Mn, Ba, Mo, Be, Na, Bi, Ni, B, N, Br, O, Cd, P, Ca, Pt, C, Ra, Cl, Se, Cr, Si, Co, Sr, Cu, S, F, Sn, Fe, Ti, U, He.

Модель 2：H_2CO_3（аш два цэ о три）—это формула угольной кислоты.

C_2H_5OH, H_2CO_3, O_3, N_2, $C_{12}H_{22}O_{11}$, Cl_2, $NaCl$, $CaCO_3$, HCl, S_8, H_2O.

Новые слова

вещество（ед. ч.）/ вещества（мн. ч.）物质

состав 成分,组成

простой 简单的

сложный 复杂的

оксид 氧化物

гидроксид 氢氧化物

соль（阴）盐类

твёрдый 坚硬的,固体的,固态的

жидкий 液体的,流质的

жидкость（阴）液体,流体,流质

газообразный 气态的,气体的

агрегатный 附件的,部件的,聚合的,定型的

блеск 光泽

ковкость（阴）韧性,可锻性

теплопроводность（阴）热传导,导热性

электропроводность（阴）导电性,导电度

мел 粉笔,碳酸钙

гелий 氦

уголь（阳）煤,碳,炭

нефть（阴）石油

фосфорный 磷的

фосфорная кислота 磷酸

озон 臭氧

карбонат 碳酸盐

карбонат кальция 碳酸钙

этанол 乙醇,酒精

хлори́д 氯化物

хлори́д на́трия 氯化钠

соля́ный 盐的

соля́ная кислота́ 盐酸

се́рный 硫的，硫磺的

се́рная кислота́ 硫酸

у́гольный 煤的，碳的

у́гольная кислота́ 碳酸

азо́тный 氮的，硝的

азо́тная кислота́ 硝酸

бо́рный 硼的

бо́рная кислота́ 硼酸

хло́рный 氯的

хло́рная кислота́ 高氯酸

Урок 3 Строение вещества
第3课 物质结构

Что（И. п.）состоит из чего（Р. п.）	
Молекула простого вещества состоит из атомов одного химического элемента.	Молекула сложного вещества состоит из атомов разных химических элементов.
Молекула кислорода（O₂）состоит из атомов кислорода.	Молекула воды（H₂O）состоит из атомов водорода и кислорода.

1. **Составьте и запишите словосочетания по модели.**
   按照示例组词组。

Модель 1：

молекула	（вода）	→	молекула воды
	（водород）		молекула водорода
	（серная кислота）		молекула серной кислоты

（А）

| молекула | (озон)
(вода)
(метан)
(аммиак)
(соляная кислота)
(йод)
(бром)
(азот)
(сера)
(хлор)
(фосфор)
(этанол)
(фтор)
(кислород) | → | |

Модель 2：

| атомы | (кислород)
(сера) | → | атомы кислорода
атомы серы |

（Б）

| атомы | (водород)
(кислород)
(углерод)
(сера)
(алюминий)
(хлор)
(фосфор)
(азот)
(железо)
(натрий)
(серебро)
(кальций)
(ртуть)
(золото)
(кремний) | → | |

2. Прочитайте текст и ответьте на вопросы.

读课文并回答问题。

Состав вещества

Вещества состоят из отдельных мельчайших частиц. Их называют **атомы**. Атомы могут разными способами соединяться друг с другом. Как из китайских иероглифов можно составить сотни тысяч слов, так из одних и тех же атомов образуются молекулы веществ.

Молекула—это наименьшая частица вещества, которая определяет его свойства и может существовать самостоятельно. Веществ в окружающем мире огромное количество. Число атомов ограничено.

Строение молекул можно выяснить различными физическими и химическими методами.

Чистое вещество состоит из молекул одного вида. Вещество азот (N_2) состоит из молекул азота (N_2), вещество кислород (O_2) состоит из молекул кислорода (O_2), вещество вода (H_2O) из молекул воды (H_2O).

Существуют вещества, которые состоят из **атомов** или **ионов**. Например, алмаз состоит из атомов углерода, а обычная поваренная соль—из ионов Na^+ и ионов Cl^- (условная "молекула"—$NaCl$).

Каждый атом обозначается при помощи **символа** (это **химический знак**): H—атом водорода; O—атом кислорода.

Число атомов в молекуле обозначают при помощи индекса: O_2—это молекула вещества кислорода, состоящая из двух атомов кислорода; H_2O—это молекула вещества воды, состоящая из двух атомов водорода и одного атома кислорода.

Если атомы не связаны химической связью, то их число обозначают при помощи коэффициента: $2Na$, $3Ag$, $4H$. С помощью коэффициента также записывают число молекул: $2H_2$—две молекулы водорода; $3H_2O$—три молекулы воды.

Химическая формула—это изображение состава вещества посредством химических символов. Например, формула H_3PO_4 показывает, что в состав молекулы ортофосфорной кислоты входят водород, фосфор и кислород и что эта молекула содержит 3 атома водорода, 1 атом фосфора и 4 атома кислорода. Цифра справа внизу после символа элемента—это индекс. Он указывает на количество атомов данного элемента в молекуле вещества. Химическая формула соединения даёт очень важные сведения. Она показывает: (а) из атомов каких элементов состоит молекула; (б) сколько атомов каждого элемента входит в молекулу; (в) химическая формула даёт возможность производить количественные расчёты. Нужно правильно читать химические формулы. Индекс после символа читается как число: H_2O—аш два о; Fe_2O_3—феррум два о три. Индекс после скобки читается как дважды, трижды, четырежды: $Ca(OH)_2$—кальций о аш дважды.

Вопросы:

(1) Из каких частиц состоят вещества?

(2) Что такое атом?

(3) Что такое молекула?

(4) Что такое чистое вещество?

(5) Как соединены атомы в молекуле?

(6) Что такое символ?

(7) Что обозначают при помощи индекса?

(8) Как читают индексы?

3. Составьте предложения по модели.

按照示例造句。

Модель 1: Кислород—это простое вещество, так как молекула кислорода состоит из атомов кислорода.

Модель 2: Хлорид натрия—это сложное вещество, так как молекула хлорида натрия состоит из атомов натрия и хлора.

(1) C_2H_5OH (этанол)

(2) H_2CO_3 (угольная кислота)

(3) O_3 (озон)

(4) N_2 (азот)

(5) $C_{12}H_{22}O_{11}$ (сахар)

(6) Fe (железо)

(7) Cl_2 (хлор)

(8) NaCl (хлорид натрия)

(9) $CaCO_3$ (карбонат кальция)

(10) Ag (серебро)

(11) HCl (соляная кислота)

(12) S_8 (сера)

(13) H_2O (вода)

(14) O_2 (кислород)

(15) H_2SO_4 (серная кислота)

4. Читайте формулы сложных веществ.

读下列化合物的分子式。

Al_2O_3—алюминий два о три

$Al_2(SO_4)_3$—алюминий два эс о четыре трижды

$CaSO_4$—кальций эс о четыре

$Ca(NO_2)_2$—кальций эн о два дважды

$CoSO_4$—кобальт эс о четыре

$Cu(NO_3)_2$—купрум эн о три дважды

$FeSO_4$—феррум эс о четыре

$Fe(OH)_3$—феррум о аш трижды

HCl— аш хлор

NaOH—натрий о аш

HNO3—аш эн о три

H_2SO_4—аш два эс о четыре

$Hg(NO_3)_2$—гидраргирум эн о три дважды

KCl—калий хлор

KOH—калий о аш

K$_2$SO$_4$—калий два эс о четыре

KMnO$_4$—калий марганец о четыре

KNO$_3$—калий эн о три

MgCl$_2$—магний хлор два

MnCl$_2$—марганец хлор два

Mn(OH)$_2$—марганец о аш дважды

N$_2$SiF$_6$—эн два силициум фтор шесть

Na$_2$CO$_3$—натрий два цэ о три

SO$_2$— эс о два

ZnSO$_4$—цинк эс о четыре

CO$_2$—цэ о два

5. Прочитайте текст и ответьте на вопросы.

读课文并回答问题。

Атом не имеет заряда, хотя и состоит из положительно заряженного ядра и отрицательно заряженных электронов.

В ходе химических реакций число электронов любого атома может изменяться, но заряд ядра атома в химических реакциях не меняется!

Заряд ядра атома—своеобразный "паспорт" химического элемента. Все атомы с зарядом ядра +1 принадлежат химическому элементу под названием "водород". Атомы с зарядом ядра +8 составляют химический элемент "кислород". Порядковый номер равен заряду ядра атома: № H-1 = (+1), № O-8 = (+8)

Вопросы:

(1) Что такое химический элемент?

(2) Из чего состоит атом?

(3) Что меняется и не меняется в ходе химических реакций?

(4) Что такое химический символ?

(5) Чему равен порядковый номер элемента?

6. Читайте вопросы и ответы.

读下列问题和答案。

(1) —Почему атомы водорода и кислорода имеют разное название, разные символы?

—Потому что это атомы разных химических элементов.

(2) —Почему O и O$_2$ содержат один символ, но по-разному называются?

—Потому что это атом и молекула одного вещества—кислорода?

(3) —Почему символом Au обозначают атом и молекулу золота?

—Потому что в молекуле золота содержится один атом.

(4) —Чем отличаются химические формулы и свойства веществ: H$_2$O и H$_2$O$_2$?

—Хотя по составу молекулы этих веществ отличаются на один атом кислорода, сами вещества по свойствам сильно отличаются друг от друга. Воду H_2O мы пьём и жить без неё не можем, а H_2O_2—перекись водорода, её пить нельзя, а в быту её используют для обесцвечивания волос.

7. Прочитайте формулы веществ и их состав и составьте предложения по модели.
读下列物质的分子式和组成，并按照示例造句。

Модель: H_2O—молекула воды состоит из двух атомов водорода и одного атома кислорода.

HCl—соляная кислота
$NaOH$—гидроксид натрия (крист.)
$CoSO_4$—сульфат кобальта
Na_2CO_3—карбонат натрия (крист.), пищевая сода
CO_2—углекислый газ
KNO_3—нитрат калия
$KMnO_4$—марганцовка
$MgCl_2$—хлорид магния
HNO_3—азотная кислота
$Hg(NO_3)_2$—нитрат ртути
$Cu(NO_3)_2$—нитрат меди
K_2SO_4—сульфат калия
H_2SO_4—серная кислота
$Al_2(SO_4)_3$—сульфат алюминия
KCl—хлорид калия
$ZnSO_4$—сульфат цинка
$Mn(OH)_2$—гидроксид марганца
$MnCl_2$—хлорид марганца
SO_2—оксид серы
KOH—гидроксид калия
$FeSO_4$—сульфат железа
$Fe(OH)_3$—гидроксид железа
$Ca(NO_2)_2$—нитрат кальция
$CaSO_4$—сульфат кальция
Al_2O_3—оксид алюминия

8. Прочитайте текст и ответьте на вопросы.
读课文并回答问题。

Некоторые химические элементы образуют несколько простых веществ. Так, химический элемент кислород образует простое вещество "кислород" O_2 и простое вещество "озон" O_3. В 2002 г. появилось сообщение о существовании ещё одного простого вещества кислорода—O_4.

Химический элемент углерод образует четыре простых вещества, причём ни одно из них не называется "углерод". Эти вещества отличаются пространственным расположением атомов:

Алмаз—атомы углерода находятся в вершинах воображаемых тетраэдров;

Графит—атомы углерода находятся в одной плоскости;

Карбин—атомы углерода образуют "нити".

Фуллерен—атомы углерода образуют сферу, т. е. молекулы фуллерена напоминают мячик (Рис. 4.1).

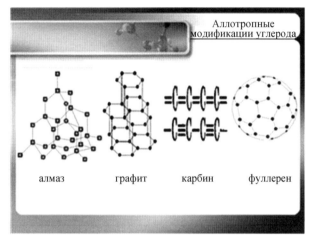

Рис. 4.1 Аллотропные модификации углерода

Это модификации углерода. Существование элемента в виде нескольких простых веществ называется аллотропией. Алмаз, графит, карбин, фуллерен—аллотропные модификации элемента "углерод", а кислород и озон—аллотропные модификации элемента "кислород".

Таким образом, не следует путать эти понятия: "химический элемент" и "простое вещество", а также "молекула" и "атом".

Очень часто в письменных записях слова "молекула" или "атом" заменяют соответствующими символами, но не всегда правильно. Так, нельзя писать: "В состав воды входит H_2", так как речь здесь идёт о химическом элементе водороде—Н. Нужно писать: "В состав воды входит (Н)". Также правильной будет запись: "При действии металла на раствор кислоты выделится H_2", то есть вещество водород, молекула которого двухатомна.

Вопросы:

(1) Сколько простых веществ образует химический элемент кислород?

(2) Какие простые вещества образует химический элемент водород? Чем они отличаются?

(3) Почему нельзя писать: "В состав воды входит H_2"?

(4) Почему правильной будет запись: "При действии металла на раствор кислоты выделится H_2"?

Новые слова

соединя́ться（НСВ）—соедини́ться（СВ）连接住，相接
иеро́глиф 象形字，字
ограни́чен（-a，-o，-ы）被限制，被限定
вы́яснить（СВ）—выясня́ть（НСВ）查明，弄明白
чи́стое вещество́ 纯质，纯物质
алма́з 金刚石，钻石
пова́ренный 烹调(用)的，食用的
пова́ренная соль 食用盐
и́ндекс 指数，标记，注脚
хими́ческая фо́рмула 化学式
посре́дством чего́ 用，借助于
ортофо́сфорный 正磷酸的
ортофо́сфорная кислота́ 正磷酸
ко́бальт 钴
заря́д ядра́ а́тома 原子核电荷
принадлежа́ть（НСВ）属于
пе́рекись（阴）过氧化物
пе́рекись водоро́да 过氧化氢
обесцве́чивание 脱色，去色
гидрокси́д на́трия 氢氧化钠
сульфа́т 硫酸盐
сульфа́т ко́бальта 硫酸钴
карбона́т на́трия 碳酸钠
пищева́я со́да 食用碱
углеки́слый 碳酸的
углеки́слый газ 碳酸气，二氧化碳
нитра́т 硝酸盐
нитра́т ка́лия 硝酸钾
марганцо́вка 高锰酸钾
хлори́д ма́гния 氯化镁
нитра́т рту́ти 硝酸汞
нитра́т ме́ди 硝酸铜
сульфа́т ка́лия 硫酸钾
сульфа́т алюми́ния 硫酸铝
хлори́д ка́лия 氯化钾
сульфа́т ци́нка 硫酸锌
гидрокси́д ма́рганца 氢氧化锰

хлори́д ма́рганца 氯化锰
окси́д се́ры 氧化硫
гидрокси́д ка́лия 氢氧化钾
сульфа́т желе́за 硫酸铁
гидрокси́д желе́за 氢氧化铁
нитра́т ка́льция 硝酸钙
сульфа́т ка́льция 硫酸钙
окси́д алюми́ния 氧化铝
простра́нственное расположе́ние 空间排列
а́томы углеро́да 碳原子
верши́на 峰值, 顶点, 顶
вообража́емый 假想的, 想象的
тетра́эдр 方锥体, 四面体
графи́т 石墨
карби́н 二价碳
ни́ти (复) 线
фуллере́н 球壳状碳分子
сфе́ра 球体, 球面
напомина́ть (НСВ) —напо́мнить (СВ) 和……很相像, 与……相似
мя́чик 小球
модифика́ция 变形, 变体, 改型
аллотропи́я 同素异形
аллотро́пный 同素异形的
аллотро́пные модифика́ции 同素异形体
пу́тать (НСВ) 弄乱, 弄错
двуха́томен (-мна, -мно, -мны) 双原子的

Уро́к 4　Сво́йства вещества́
第4课　物质特性

1. Прочитайте и запомните.
读一读, 记一记。

свойство ед. ч	цвет—Какой цвет? белый, красный
свойства мн. ч	запах—Какой запах? неприятный, резкий
физическое свойство—какое свойство?	вкус—Какой вкус? сладкий, кислый, горький

физические свойства вещества—какие свойства?	плотность—Какая плотность?
химические свойства вещества—какие свойства?	плотность 2,1 г/см³

Что（И. п.）имеет что（В. п.）.	Хлор имеет запах.
Что（И. п.）не имеет чего（Р. п.）.	Азот не имеет запаха.

2. **Прочитайте текст и ответьте на вопросы.**
   读课文并回答问题。

   Химия изучает свойства веществ. Каждое вещество имеет физические и химические свойства. Цвет, запах, вкус, плотность—это физические свойства веществ.

   Например, сера（S）—твёрдое вещество, имеет жёлтый цвет. Сера не имеет запаха. Плотность серы—2,1 г/см³.

   Сера имеет и другие физические свойства.

   Когда мы изучаем химические реакции, мы изучаем химические свойства вещества.

Вопросы:

(1) Что изучает химия?

(2) Какие свойства имеет каждое вещество?

(3) Какие свойства веществ являются физическими?

(4) Назовите физические свойства серы.

(5) Какие свойства вещества мы изучаем, когда изучаем химические реакции?

3. **Ответьте на вопросы по данным в таблице.**
   根据表格内容回答问题。

вещество	физические свойства		
	цвет	запах	вкус
мел	белый	нет	нет
сахар	белый	нет	сладкий
графит	серый	нет	нет
кислород	нет	нет	нет
хлор	жёлто-зелёный	резкий	нет

Вопросы:

(1) Какое вещество имеет серый цвет?

(2) Какой газ имеет жёлто-зелёный цвет?

(3) Какой газ не имеет цвета?

(4) Какое твёрдое вещество имеет белый цвет?

(5) Какой запах имеет хлор?

(6) Какие вещества не имеют запаха?

(7) Какие вещества не имеют вкуса?

(8) Какой вкус имеет сахар?

4. **Прочитайте текст и ответьте на вопросы.**
   读课文并回答问题。

Новый автомобиль

Специалисты автофирмы создали новый автомобиль. Машина имеет обтекаемую форму и похож на самолёт без крыльев и хвоста.

В автомобиле могут ехать два человека: водитель сидит впереди, пассажир находится позади водителя. В автомобиле нет дверей. Когда водитель и пассажир садятся в машину, они откидывают крышу. Крыша у этого автомобиля прозрачная. Автомобиль очень экономичный. При испытании на обычных дорогах машина расходовала 0,89 л бензина на 100 км. Поэтому этот автомобиль назвали "1-Liter-Auto" ("однолитровый автомобиль"). Машина отличается большой надёжностью, потому что детали сделаны из магния и углепластика.

Вопросы:

(1) Почему автомобиль экономичный?

(2) Почему автомобиль надёжный?

(3) Как люди садятся в машину?

5. **Отвечайте на вопросы, используя существительные данных групп.**
   用下列各组名词回答问题。

   Вопросы: Из чего сделана деталь? Из какого материала сделана деталь?

   Ответ: Деталь сделана из металла.

   (1) Металл, сплав, пластик, углепластик, шёлк, бетон, картон, цинк, алюминий, кремний, магний;

   (2) железо, золото, стекло, серебро, олово, дерево;

   (3) бумага, пластмасса, керамика, платина, кожа, бронза, резина, сталь, медь.

6. Образуйте и запишите слова от прилагательных. Образуйте и запишите форму творительного падежа.

按照示例根据形容词构成名词，并将其变成第五格形式。

Модель: надёжный +ость = надёжность

Прилагательное（какой？）	Существительное（что？）	Чем？Т. п.
прочный		
точный		
устойчивый		
пластичный		

Что какое	Машина надёжная.
Что отличается чем	Машина отличается надёжностью.
Что характеризуется чем	Машина характеризуется надёжностью.

Машина надёжная = Машина отличается надёжностью = Машина характеризуется надёжностью.

7. Передайте информацию предложений другим способом по модели.

按照示例改写下列句子。

Модель: Углепластик обладает прочностью. —Углепластик прочный.

（1）Материалы отличаются устойчивостью.

（2）Металл характеризуется пластичностью.

（3）Стекло отличается прозрачностью.

（4）Весы характеризуются точностью.

8. Запишите предложения по модели.

按照示例改写句子。

Модель: Стекло отличается прозрачностью. —Стекло прозрачное.

（1）Машина отличается надёжностью.

（2）Углепластик характеризуется устойчивостью.

（3）Алмаз обладает твёрдостью.

（4）Тело рыб характеризуется обтекаемостью.

（5）Медь отличается пластичностью.

9. Напишите предложения, антонимичные данным.

按照示例写出同下列句子意思相反的句子。

Модель: В этом автомобиле есть дверь. —В этом автомобиле нет двери.

（1）В питьевой воде есть хлор. —

（2）В этой пластмассе есть углерод. —

（3）В этом сплаве есть сера. —
（4）В лаборатории есть вытяжной шкаф. —
（5）В этом задании есть трудное предложение. —

Новые слова

физи́ческие сво́йства 物理性质
хими́ческие сво́йства 化学性质
обтека́емый 流线型的，圆滑的
крыло́ 翼，翅膀，（汽车、自行车等的）挡泥板
хвост 尾，尾巴，尾部
кры́ша 房顶，屋顶，盖
эконо́мичный 经济的，省钱的
расхо́довать（НСВ）—израсхо́довать（СВ）花费，使用，消耗，耗费
бензи́н 汽油
надёжность（阴）可靠性，安全性
углепла́стик 碳纤维复合材料，碳素料
бето́н 混凝土
карто́н 纸板，硬纸板
бро́нза 青铜
рези́на 橡胶，橡皮
сталь（阴）钢
усто́йчивость（阴）稳定性，稳定度
пласти́чность（阴）塑性，可塑性
прозра́чность（阴）透明性，透明度
то́чность（阴）准确度，准确性
твёрдость（阴）硬度，硬性
обтека́емость（阴）流线性，流线程度
вытяжно́й 拉出的，抽出的

Уро́к 5　Хими́ческие реа́кции：проце́ссы и явле́ния
第5课　化学反应：过程与现象

1. Прочита́йте текст и отве́тьте на вопро́сы.
读课文并回答问题。

　　Хими́ческая реа́кция—э́то явле́ние, при кото́ром происхо́дят превраще́ния одни́х веще́ств в други́е без измене́ния соста́ва а́томных я́дер. Уравне́ние хими́ческой реа́кции—усло́вная за́пись, в кото́рой с по́мощью хими́ческих фо́рмул соедине́ний и коэффицие́нтов отмеча́ют соста́в и коли́чество исхо́дных веще́ств и проду́ктов реа́кции. Визуа́льными признаками химических реакций обычно является выделение газа, выпадение осадка, изменение окраски реакционной среды или тепловой эффект.

Перед формулами всех веществ проставляют необходимые коэффициенты—числа, с помощью которых сравнивают количества атомов каждого элемента слева и справа.

Вопросы:

（1）Что такое химическая реакция? Что является химической реакцией? Что называется химической реакцией?

（2）Что такое уравнение химической реакции? Что является уравнением химической реакции? Что называется уравнением химической реакции?

（3）Какие бывают визуальные признаки химической реакции?

（4）Что такое коэффициент?

2. Учитесь читать уравнения химических реакций.
学读化学反应方程式。

реагент	+	реагент	→	продукт реакции
что (И. п.)	реагирует взаимодействует	с чем (Т. п.),	получается образуется	что (И. п.)
$2H_2 + O_2 = 2H_2O$ —уравнение химической реакции				

（1）Водород реагирует/взаимодействует с кислородом, получается/образуется вода.

（2）Аш два реагирует/взаимодействует с о два, получается/образуется аш два о.

Чаще называют химические вещества, а не читают формулы.

Коэффициенты в уравнениях химических реакций не читают.

реагент + реагент	→	продукт реакции
при взаимодействии чего (Р. п.) с чем (Т. п.)	получается образуется	что (И. п.)
$2H_2 + O_2 = 2H_2O$		

При взаимодействии водорода с кислородом получается/образуется вода.

При взаимодействии аш два с о два получается/образуется аш два о.

3. Слушайте и читайте.
听一听，读一读。

$$Na_2O + H_2O = 2NaOH$$ —уравнение химической реакции

（1）натрий

оксид натрия

оксид натрия реагирует

оксид натрия реагирует с водой

оксид натрия реагирует с водой, получается

Оксид натрия реагирует с водой, получается гидроксид натрия.

(2) натрий

оксид натрия

оксид натрия взаимодействует

оксид натрия взаимодействует с водой

оксид натрия взаимодействует с водой, образуется

Оксид натрия взаимодействует с водой, образуется гидроксид натрия.

(3) взаимодействие

при взаимодействии

при взаимодействии оксида натрия

при взаимодействии оксида натрия с водой

при взаимодействии оксида натрия с водой получается

При взаимодействии оксида натрия с водой получается гидроксид натрия.

4. **Найдите уравнения, соответствующие химическим реакциям.**
找出同化学反应相吻合的方程式。

При взаимодействии чего с чем образуется/получается что.

(А) Оксид калия (K_2O) взаимодействует с водой, получается гидроксид калия. = При взаимодействии оксида калия с водой получается гидроксид калия.	(1) $K_2O + H_2O = 2KOH$
(Б) Оксид фосфора реагирует с водой, образуется фосфорная кислота. = При взаимодействии оксида фосфора с водой образуется фосфорная кислота.	(2) $CO_2 + H_2O = H_2CO_3$
(В) Оксид лития взаимодействует с оксидом фосфора, образуется фосфат лития. = При взаимодействии оксида лития с оксидом фосфора получается фосфат лития.	(3) $3Li_2O + P_2O_5 = 2Li_3PO_4$
(Г) Оксид железа реагирует с соляной кислотой, получаются хлорид железа и вода. = При взаимодействии оксида железа с соляной кислотой получаются хлорид железа и вода.	(4) $P_2O_5 + 3H_2O = 2H_3PO_4$

(Д) Оксид углерода реагирует с водой, образуется угольная кислота. = При взаимодействии оксида углерода с водой образуется угольная кислота.	(5) $Al_2O_3 + 6HCl = 2AlCl_3 + 3H_2O$
(Е) Оксид азота реагирует с гидроксидом натрия, образуются нитрат натрия и вода. = При взаимодействии оксида азота с гидроксидом натрия образуются нитрат натрия и вода.	(6) $N_2O_5 + 2NaOH = 2NaNO_3 + H_2O$
(Ж) Оксид свинца взаимодействует с серной кислотой, получаются сульфат свинца и вода. = При взаимодействии оксида свинца с серной кислотой получаются сульфат свинца и вода.	(7) $PbO + H_2SO_4 = PbSO_4 + H_2O$
(З) Оксид алюминия реагирует с соляной кислотой, получаются хлорид алюминия и вода. = При взаимодействии оксида алюминия с соляной кислотой получаются хлорид алюминия и вода.	(8) $Fe_2O_3 + 6HCl = 2FeCl_3 + 3H_2O$

5. Прочитайте химические реакции.
读下列化学方程式。

$CaO + H_2O = Ca(OH)_2$	
Что реагирует с чем, получается что.	Оксид кальция реагирует с водой, получается гидроксид кальция.
Что взаимодействует с чем, образуется что.	Оксид кальция взаимодействует с водой, образуется гидроксид кальция.
При взаимодействии чего с чем получается что.	При взаимодействии оксида кальция с водой получается гидроксид кальция.

(1) $SO_3 + H_2O = H_2SO_4$

При взаимодействии оксида серы с водой получается серная кислота.

(2) $ZnO + SO_3 = ZnSO_4$

Оксид цинка **взаимодействует** с оксидом серы **образуется** сульфат цинка.

(3) $SiO_2 + MgO = MgSiO_3$

Оксид кремния **реагирует** с оксидом магния, **получается** силикат магния.

(4) $CO_2 + CaO = CaCO_3$

Оксид углерода **взаимодействует** с оксидом, **образуется** карбонат кальция.

(5) $Zn + 2HCl = ZnCl_2 + H_2\uparrow$

При взаимодействии цинка с соляной кислотой получается хлорид цинка и водород.

(6) $CuO + H_2SO_4 = CuSO_4 + H_2O$

Оксид меди **реагирует** с серной кислотой, **получается** сульфат меди и вода.

(7) $SiO_2 + 2KOH = K_2SiO_3 + H_2O$

При взаимодействии оксида кремния с гидроксидом калия **получается** силикат калия и вода.

(8) $Ca(OH)_2 + 2HNO_3 = Ca(NO_3)_2 + H_2O$

В результате реакции гидроксида кальция с азотной кислотой **образуется/получается** нитрат кальция и вода.

(9) $Fe(OH)_2 + 2HCl = FeCl_2 + 2H_2O$

В результате реакции гидроксида железа с соляной кислотой **образуется/получается** хлорид железа и вода.

(10) $Ba(OH)_2 + Na_2SO_4 = BaSO_4\downarrow + 2NaOH$

Гидроксид бария **взаимодействует** с сульфатом натрия, **образуется** сульфат бария и гидроксид натрия.

(11) $2H_3PO_4 + 3Ca(OH)_2 = Ca_3(PO_4)_2 + 6H_2O$

При взаимодействии фосфорной кислоты с гидроксидом кальция получается фосфат кальция и вода.

(12) $2HCl + Na_2CO_3 = 2NaCl + H_2O + CO_2\uparrow$

В результате реакции соляной кислоты с карбонатом натрия образуется/получается хлорид натрия и вода и оксид углерода (двуокись/диоксид углерода).

(13) $AgNO_3 + KCl = AgCl\downarrow + KNO_3$

Нитрат серебра **реагирует** с хлоридом калия, получается хлорид серебра и нитрат калия.

(14) $FeCl_3 + 3KOH = Fe(OH)_3\downarrow + 3KCl$

В результате реакции хлорида железа с гидроксидом калия **образуется/получается** гидроксид железа и хлорид калия.

(15) $Zn + 2Cl = ZnCl_2$

В результате реакции цинка с хлором **образуется/получается** хлорид цинка.

6. Прочитайте микротексты.

读下列表述。

(1) $2H_2 + O_2 = 2H_2O$

Водород взаимодействует с кислородом.

В результате реакции водорода с кислородом образуется вода.

Молекула воды состоит из двух атомов водорода и одного атома кислорода.

(2) $2Mn + O_2 = 2MnO$

Марганец взаимодействует с кислородом.

В результате реакции марганца с кислородом образуется оксид марганца.

Молекула оксида марганца состоит из одного атома марганца и одного атома кислорода.

(3) $2Hg + O_2 = 2HgO$

Ртуть взаимодействует с кислородом.

В результате реакции ртути с кислородом образуется оксид ртути.

Молекула оксида ртути состоит из одного атома ртути и одного атома кислорода.

(4) $2Ca + Cl_2 = 2CaCl_2$

Кальций взаимодействует с хлором.

В результате реакции кальция с хлором образуется хлорид кальция.

Молекула хлорида кальция состоит из одного атома кальция и двух атомов хлора.

7. Заполните таблицу.

将下表补充完整。

Глагол	Существительное -ение/-ление	Какой процесс?	Перевод
Вода кипит	кипение	кипение воды	
Металлы плавятся	плавление	плавление металлов	
Тело вращается			
Тело падает			
Тело движется			
Тело разрушается			
Форма тела изменяется			
Скорость тела уменьшается			
Давление увеличивается			
Вода превращается в пар			
Сахар растворяется в воде			
Жидкость испаряется			
Жидкость охлаждается			
Хлор соединяется с водородом			

8. Заполните таблицу.

将下表补充完整。

Что происходит?	Какой это процесс?	Говорится о чём?
Сахар растворяется в воде.	растворение сахара	Говорится о растворении сахара в воде.
Алюминий плавится при температуре 660 градусов.		
Вода превращается в лёд при температуре 0 градусов.		
Ртуть превращается в твёрдое вещество при температуре —39 градусов.		
Земля движется по орбите вокруг Солнца.		
Скорость тела уменьшается.		
Состав вещества изменяется.		
Объём тела увеличивается.		

При каком условии происходит процесс? 过程在什么条件下进行?

Условие	
Если/когда + глагол Если/когда температура 660 градусов	При + сущ. П. п. При температуре 660 градусов При уменьшении

9. Заполните таблицу.

将下表补充完整。

Вопрос	Ответ: вариант 1	Ответ: вариант 2
При каком условии вода кипит?	Когда температура 100 градусов, вода кипит.	При температуре 100 градусов вода кипит. (Вода кипит при температуре 100 градусов.)

Вопрос	Ответ: вариант 1	Ответ: вариант 2
При каком условии металл плавится?	Если металл нагревается, он плавится.	
	Когда температура 0 градусов, вода превращается в лёд.	
При каком условии объём вещества изменяется?		При плавлении объём веществ изменяется.
	Если жидкость нагревается, скорость молекулы повышается.	
При каком условии скорость молекулы уменьшается?		
	Когда температура повышается, растворимость вещества увеличивается.	

Грамматика

При каком условии? = Почему?	Если металл нагревается, он плавится. = При нагревании металл плавится.
Почему металл плавится?	Металл плавится, потому что...

10. Прочитайте материал в таблицах.
读下表中的内容。

Причина нагревание металла	Результат плавление металла
При нагревании металл плавится.	
Нагревание металла может плавить его.	
Нагревание металла обусловливает его плавление.	
В результате нагревания металл плавится.	

	При каком процессе что происходит
Почему?	Что может делать что
	Что обусловливает что
	В результате чего что происходит

11. Прочитайте описание процессов. Укажите причину и результат.

读下列化学反应过程，并指出发生的原因和结果。

（1）При плавлении объём веществ изменяется.

（2）Если жидкость нагревается, скорость молекул повышается.

（3）Когда температура повышается, растворимость веществ увеличивается.

（4）При движении молекул жидкость испаряется.

（5）Когда есть коррозия, технические свойства металлов ухудшаются.

12. Прочитайте текст, от глаголов образуйте существительные и запишите их.

读课文，写出由括号中的动词构成的名词。

Взрыв

Взрыв—это _____ (освобождать) большого количества энергии за короткий промежуток времени.

Взрыв обусловливает _____ (образовать) сильно нагретого газа с очень высоким давлением, который при _____ (расширить) механически воздействует на окружающие тела. При взрыве твёрдая среда разрушается и дробится.

Взрыв осуществляется за счёт _____ (освобождать) разного рода энергии: механической, химической, внутриядерной и др.

13. Прочитайте текст и ответьте на вопросы.

读课文并回答问题。

С ураганом можно бороться!

Недавно учёные создали порошок, который может ослаблять мощь урагана! Порошок имеет очень сильные абсорбирующие свойства и может "поглощать" тучи. Каждая гранула этого вещества может впитывать большое количество влаги. Это количество больше собственного веса гранулы в 2 000 раз. В результате впитывания влаги порошок превращается в гель. Гель сразу начинает испаряться и исчезает при падении на землю. Апробирование порошка показало, что грозовая туча длиной 1 500 м и шириной примерно 4 000 м может стать значительно меньше и даже может совсем исчезнуть в течение 15 минут, если на неё высыпать 4 тонны порошка. Этот факт подтверждает предположение о том, что именно влажность обусловливает силу урагана. При сокращении влажности разрушительный потенциал урагана может существенно уменьшаться.

Вопросы:

（1）Когда исчезает гель?

（2）При каком условии грозовая туча в 1 500 м может исчезнуть?
（3）Почему сила урагана может увеличиваться?
（4）Что может уменьшить силу урагана?

Новые слова

химическая реакция 化学反应
уравнение химической реакции 化学反应方程式
исходный 起始的，原始的
продукты реакции 反应产物
признак 特征
выделение 析出物
выпадение 落下，沉淀
осадок 沉积物，沉淀物
окраска 着色，颜色
тепловой эффект 热效应
реагировать（НСВ）— прореагировать（СВ）反应，起反应
образоваться（НСВ, СВ）形成，生成
фосфат 磷酸盐
фосфат лития 磷酸锂
хлорид железа 氯化铁
нитрат натрия 硝酸钠
сульфат свинца 硫酸铅
хлорид алюминия 氯化铝
гидроксид кальция 氢氧化钙
силикат 硅酸盐
силикат магния 硅酸镁
хлорид цинка 氯化锌
сульфат меди 硫酸铜
силикат калия 硅酸钾
сульфат бария 硫酸钡
фосфат кальция 磷酸钙
оксид углерода 氧化碳
двуокись углерода（диоксид углерода）二氧化碳
хлорид серебра 氯化银
оксид марганца 氧化锰
оксид ртути 氧化汞
хлорид кальция 氯化钙
кипеть（НСВ）沸腾，（液体）达到沸点

пла́виться(НСВ)—распла́виться(СВ) 熔化,熔解
враща́ться(НСВ) 旋转,转动,自转
превраща́ться(НСВ)—преврати́ться(СВ) 变为,成为
растворя́ться(НСВ)—раствори́ться(СВ) 溶,溶解
испаря́ться(НСВ)—испари́ться(СВ) 蒸发
охлажда́ться(НСВ)—охлади́ться(СВ) 冷却,变冷
корро́зия 腐蚀,锈蚀
взрыв 爆炸,爆破
освобожда́ть(НСВ)—освободи́ть(СВ) 放出,释放
обусло́вливать(НСВ)—обусло́вить(СВ) 造成,引起
дроби́ться(НСВ) 碎裂,变成碎块
внутрия́дерный 原子核内的
боро́ться(НСВ) 斗争
порошо́к 粉,粉末,粉剂
ослабля́ть(НСВ)—осла́бить(СВ) 削弱,减弱
абсорби́рующий 吸收的
поглоща́ть(НСВ)—поглоти́ть(СВ) 吸收,吞没
гра́нула 粒,小粒,颗粒
впи́тывать(НСВ)—впита́ть(СВ) 吸,吸收,接受
впи́тывание 吸收
гель(阳)凝胶体
апроби́рование 鉴定,验证
подтвержда́ть(НСВ)—подтверди́ть(СВ) 证明,证实
грозово́й 暴风雨的,多雷雨的
ту́ча 乌云
грозова́я ту́ча 积雨云,雷雨云
сокраще́ние 减缩,减少
разруши́тельный 破坏性的,导致毁灭的
разруши́тельный потенциа́л 破坏性潜力

Приложение
附　　录

常用基数词表

数词	俄语	数词	俄语
0	нуль	100	сто
1	один	200	двести
2	два	300	триста
3	три	400	четыреста
4	четыре	500	пятьсот
5	пять	600	шестьсот
6	шесть	700	семьсот
7	семь	800	восемьсот
8	восемь	900	девятьсот
9	девять	1 000	тысяча
10	десять	2 000	две тысячи
11	одиннадцать	3 000	три тысячи
12	двенадцать	4 000	четыре тысячи
13	тринадцать	5 000	пять тысяч
14	четырнадцать	6 000	шесть тысяч
15	пятнадцать	7 000	семь тысяч
16	шестнадцать	8 000	восемь тысяч
17	семнадцать	9 000	девять тысяч
18	восемнадцать	10 000	десять тысяч
19	девятнадцать	11 000	одиннадцать тысяч
20	двадцать	12 000	двенадцать тысяч
21	двадцать один	20 000	двадцать тысяч
22	двадцать два	21 000	двадцать одна тысяча
23	двадцать три	22 000	двадцать две тысячи
24	двадцать четыре	25 000	двадцать пять тысяч

数词	俄语	数词	俄语
25	двадцать пять	100 000	сто тысяч
26	двадцать шесть	200 000	двести тысяч
27	двадцать семь	300 000	триста тысяч
28	двадцать восемь	400 000	четыреста тысяч
29	двадцать девять	500 000	пятьсот тысяч
30	тридцать	1 000 000	миллион
40	сорок	2 000 000	два миллиона
50	пятьдесят	3 000 000	три миллиона
60	шестьдесят	4 000 000	четыре миллиона
70	семьдесят	5 000 000	пять миллионов
80	восемьдесят	1 000 000 000	миллиард
90	девяносто		

常用序数词表

序数词	俄语	序数词	俄语
0	нулевой, −ая, −ое, −ые	101	сто первый, −ая, −ое, −ые
1	первый, −ая, −ое, −ые	102	сто второй, −ая, −ое, −ые
2	второй, −ая, −ое, −ые	114	сто четырнадцатый, −ая, −ое, −ые
3	третий, −ья, −ье, −ьи	147	сто сорок седьмой, −ая, −ое, −ые
4	четвёртый, −ая, −ое, −ые	200	двухсотый, −ая, −ое, −ые
5	пятый, −ая, −ое, −ые	300	трёхсотый, −ая, −ое, −ые
6	шестой, −ая, −ое, −ые	400	четырёхсотый, −ая, −ое, −ые
7	седьмой, −ая, −ое, −ые	500	пятисотый, −ая, −ое, −ые
8	восьмой, −ая, −ое, −ые	600	шестисотый, −ая, −ое, −ые
9	девятый, −ая, −ое, −ые	700	семисотый, −ая, −ое, −ые
10	десятый, −ая, −ое, −ые	800	восьмисотый, −ая, −ое, −ые
11	одиннадцатый, −ая, −ое, −ые	900	девятисотый, −ая, −ое, −ые
12	двенадцатый, −ая, −ое, −ые	1 000	тысячный, −ая, −ое, −ые
13	тринадцатый, −ая, −ое, −ые	1 001	тысяча первый, −ая, −ое, −ые
14	четырнадцатый, −ая, −ое, −ые	1 016	тысяча шестнадцатый, −ая, −ое, −ые
15	пятнадцатый, −ая, −ое, −ые	1 036	тысяча тридцать шестой, −ая, −ое, −ые

序数词	俄语	序数词	俄语
16	шестнадцатый, -ая, -ое, -ые	1 258	тысяча двести пятьдесят восьмой, -ая, -ое, -ые
17	семнадцатый, -ая, -ое, -ые	2 000	двухтысячный, -ая, -ое, -ые
18	восемнадцатый, -ая, -ое, -ые	3 000	трёхтысячный, -ая, -ое, -ые
19	девятнадцатый, -ая, -ое, -ые	4 000	четырёхтысячный, -ая, -ое, -ые
20	двадцатый, -ая, -ое, -ые	5 000	пятитысячный, -ая, -ое, -ые
21	двадцать первый, -ая, -ое, -ые	6 000	шеститысячный, -ая, -ое, -ые
22	двадцать второй, -ая, -ое, -ые	7 000	семитысячный, -ая, -ое, -ые
23	двадцать третий, -ья, -ье, -ьи	8 000	восьмитысячный, -ая, -ое, -ые
24	двадцать четвёртый, -ая, -ое, -ые	9 000	девятитысячный, -ая, -ое, -ые
25	двадцать пятый, -ая, -ое, -ые	10 000	десятитысячный, -ая, -ое, -ые
26	двадцать шестой, -ая, -ое, -ые	20 000	двадцатитысячный, -ая, -ое, -ые
27	двадцать седьмой, -ая, -ое, -ые	30 000	тридцатитысячный, -ая, -ое, -ые
28	двадцать восьмой, -ая, -ое, -ые	40 000	сорокатысячный, -ая, -ое, -ые
29	двадцать девятый, -ая, -ое, -ые	50 000	пятидесятитысячный, -ая, -ое, -ые
30	тридцатый, -ая, -ое, -ые	100 000	стотысячный, -ая, -ое, -ые
40	сороковой, -ая, -ое, -ые	1 000 000	миллионный, -ая, -ое, -ые
50	пятидесятый, -ая, -ое, -ые	1 000 000 000	миллиардный, -ая, -ое, -ые
60	шестидесятый, -ая, -ое, -ые		
70	семидесятый, -ая, -ое, -ые		
80	восьмидесятый, -ая, -ое, -ые		
90	девяностый, -ая, -ое, -ые		
100	сотый, -ая, -ое, -ые		

常用基数词变格表

数词 один 变格表

格	单数			复数
	阳性	中性	阴性	
1	один	одно	одна	одни
2	одного		одной	одних
3	одному		одной	одним
4	同1或同2	同1	одну	同1或同2
5	одним		одной	одними
6	об одном		об одной	об одних

数词 два(две), три, четыре 变格表

1	два(две)	три	четыре
2	двух	трёх	четырёх
3	двум	трём	четырём
4	同1或2		
5	двумя	тремя	четырьмя
6	о двух	о трёх	о четырёх

数词 пять — двадцать, тридцать 变格表

1	пять	восемь	одиннадцать	двадцать
2	пяти	восьми	одиннадцати	двадцати
3	пяти	восьми	одиннадцати	двадцати
4	同1			
5	пятью	восьмью	одиннадцатью	двадцатью
6	о пяти	о восьми	об одиннадцати	о двадцати

注：пять — десять 及 двадцать, тридцать 各格(除第1,4格以外)的重音均在词尾，而 одиннадцать — девятнадцать 各格重音与原形保持一致。

数词 пятьдесят — восемьдесят 变格表

1	пятьдесят	семьдесят
2	пятидесяти	семидесяти
3	пятидесяти	семидесяти
4	同 1	
5	пятьюдесятью	семьюдесятью
6	о пятидесяти	о семидесяти

注：(1) 这一类复合数词两部分均需变格；

(2) 这一类复合数词重音（除第 1, 4 格以外）均在第一部分的最后一个音节上。

数词 сорок，девяносто，сто 变格表

1	сорок	девяносто	сто
2	сорока	девяноста	ста
3	сорока	девяноста	ста
4	同 1		
5	сорока	девяноста	ста
6	о сорока	о девяноста	о ста

数词 двести — девятьсот 变格表

1	двести	триста	шестьсот
2	двухсот	трёхсот	шестисот
3	двумстам	трёмстам	шестистам
4	同 1		
5	двумястами	тремястами	шестьюстами
6	о двухстах	о трёхстах	о шестистах

注：(1) 这一类复合数词两部分均需变格；

(2) 这一类复合数词重音（除第 1, 4 格以外）均在第二部分。

数词 тысяча，миллион，миллиард 变格表

1	тысяча	тысячи
2	тысячи	тысяч
3	тысяче	тысячам
4	тысячу	тысячи
5	тысячей/тысячью	тысячами
6	о тысяче	о тысячах

注：该类数词有单数和复数两种形式，其变格规律与其对应的名词类型变格相同。

常用序数词变格表

以 -ый, -ой 结尾的序数词，其变格规律与相同词尾的形容词的变格规律一致。

以 **первый** 为例：

格	单数			复数
	阳性	中性	阴性	
1	первый	первое	первая	первые
2	первого		первой	первых
3	первому		первой	первым
4	同 1 或 2	同 1	первую	同 1 或 2
5	первым		первой	первыми
6	о первом		о первой	о первых

序数词 **третий** 变格表

格	单数			复数
	阳性	中性	阴性	
1	третий	третье	третья	третьи
2	третьего		третьей	третьих
3	третьему		третьей	третьим
4	同 1 或 2	同 1	третью	同 1 或 2
5	третьим		третьей	третьими
6	о третьем		о третьей	о третьих

合成序数词变格时，只变序数词部分。

以第 2021（**две тысячи двадцать первый**）为例：

格	第 2021
1	две тысячи двадцать первый
2	две тысячи двадцать первого
3	две тысячи двадцать первому
4	同 1 或 2
5	две тысячи двадцать первым
6	о две тысячи двадцать первом

拉丁字母表

大写字母	小写字母	俄语发音	大写字母	小写字母	俄语发音
A	a	a	N	n	эн
B	b	бэ	O	o	o
C	c	цэ	P	p	пэ
D	d	дэ	Q	q	ку
E	e	e	R	r	эр
F	f	эф	S	s	эс
G	g	жэ	T	t	тэ
H	h	аш	U	u	у
I	i	и	V	v	вэ
J	j	жи	W	w	дубль-вэ
K	k	ка	X	x	икс
L	l	эль	Y	y	игрек
M	m	эм	Z	z	зэт

希腊字母表

大写字母	小写字母	俄语名称	汉语名称	大写字母	小写字母	俄语名称	汉语名称
A	α	альфа	阿尔法	N	ν	ни	纽
B	β	бета	贝塔	Ξ	ξ	кси	柯西
Γ	γ	гамма	伽马	O	o	омикрон	奥密克戎
Δ	δ	дельта	德尔塔	Π	π	пи	派
E	ε	эпсилон	艾普西隆	P	ρ	ро	柔
Z	ζ	дзета	泽塔	Σ	σ	сигма	西格玛
H	η	эта	伊塔	T	τ	тау	陶
Θ	θ	тета	西塔	Υ	υ	ипсилон	宇普西隆
I	ι	иота	约塔	Φ	φ	фи	斐
K	κ	каппа	卡帕	X	χ	хи	希
Λ	λ	ламбда	拉姆达	Ψ	ψ	пси	普西
M	μ	ми	谬	Ω	ω	омега	欧米伽

常用计量单位表

量的中文名称	量的俄语名称	量的符号	主要方程式	单位的中文名称	俄语单位名称	俄语单位符号	国际单位符号
基本单位							
长度	длина	l	—	米	метр	м	m
重量	масса	m	—	千克,公斤	килограмм	кг	kg
时间	время	t	—	秒	секунда	с	s
电流	сила электрического тока	I	—	安(培)	ампер	А	A
热力学温度	термодинамическая температура	T	—	开(尔文)	Кельвин	К	K
物质的量	количество вещества	v	—	摩(尔)	моль	моль	mol
光的强度	сила света	I	—	坎(德拉)	кандела	кд	cd
辅助单位							
平面角	плоский угол	α, φ	—	弧度	радиан	рад	rad
立体角	телесный угол	Ω, ω	—	球面度	стерадиан	ср	sr
导出单位							
面积	площадь	S	$S = l^2$	平方米	квадратный метр	м²	m²
体积	объём, вместимость	V	$V = l^3$	立方米	кубический метр	м³	m³
频率	частота периодического процесса	$f(v)$	—	赫兹	герц	Гц	Hz

量的中文名称	量的俄语名称	量的符号	主要方程式	单位的中文名称	俄语单位名称	俄语单位符号	国际单位符号
速度	скорость	v	$v = s/t$	米/秒	метр в секунду	м/с	m/s
加速度	ускорение	a	$a = (v_1 - v_2)/t$	米每平方秒	метр на секунду в квадрате	м/с²	m/s²
角速度	угловая скорость	w	$w = a/t$	弧度每秒	радиан в секунду	рад/с	rad/s
密度	плотность	ρ	$\rho = m/V$	千克每立方米	килограмм на кубический метр	кг/м³	kg/m³
动量	количество движения (импульс)	p	$p = m \cdot V$	千克米每秒	килограмм · метр в секунду	кг · м/с	kg · m/s
力量	сила	F	$F = m \cdot a$	牛(顿)	ньютон	Н	N
力矩	момент силы	M	$M = F \cdot l$	牛顿每米	ньютон · метр	Н · м	N · m
压力	давление	P	$p = F/S$		паскаль	Па	Pa
功,能量	работа, энергия	A, W	$A = F \cdot s \cdot \cos\alpha$	焦耳	джоуль	Дж	J
功率	мощность	P	$P = A/t$	瓦特	ватт	Вт	W
热量	количество теплоты	Q	—	焦耳	джоуль	Дж	J
摄氏温度	градус по Цельсию	T	—	摄氏度	градус	℃	℃
比热容	удельная теплоёмкость	c	$c = Q/(m \cdot \Delta T)$	焦耳每千克开尔文	джоуль на килограмм · Кельвин	Дж/(кг · К)	J/(kg · K)
电荷	электрический заряд	Q	$Q = I \cdot t$	库(伦)	кулон	Кл	C
电压	электрическое напряжение	U	$U = P/I$	伏(特)	вольт	В	V

量的中文名称	量的俄语名称	量的符号	主要方程式	单位的中文名称	俄语单位名称	俄语单位符号	国际单位符号
电阻	электрическое сопротивление	R	$R = U/I$	欧(姆)	ом	Ом	Ω
电阻率	удельное электрическое сопротивление	ρ	$\rho = R \cdot S/l$	欧姆米	ом · метр	Ом · м	$\Omega \cdot m$
电场强度	напряжённость электрического тока	E	$E = U/l$	伏(特)每米	вольт на метр	В/м	V/m
电容(量)	электрическая ёмкость	C	$C = Q/U$	法拉	фарад	Ф	F
磁通量	магнитный поток	Φ	$\Phi = B/S$	韦伯	вебер	Вб	Wb
磁感强度	магнитная индукция	B	$B = \Phi/S$	特斯拉	тесла	Тл	T
电感(系数)	интуктивность	L	$L = \Phi/I$	亨利	генри	Гн	H
光通量	световой поток	Φ	$\Phi = J \cdot \omega$	流明	люмен	лм	lm
光能	световая энергия	Q	$Q = \Phi \cdot t$	流明每秒	люмен · секунда	лм · с	lm · s
照度	освещённость	E	$E = \Phi \cdot S$	勒克斯	люкс	лк	lx
辐射吸收剂量	поглощённая доза излучения	D		戈瑞	грей	Гр	Gy
放射性物质的放射活度	активность нуклида в радиоактивном источнике	A	$A = n/t$	贝可勒尔	беккерель	Бк	Bq

Химические элементы: названия, символы и произношения символов

Русское название элемента	Латинское название элемента	Символ элемента	Произношение символа
Азо́т	Nitrogenium	N	эн
Акти́ний	Actinium	Ac	акти́ний
Алюми́ний	Aluminium	Al	алюми́ний
Амери́ций	Americium	Am	амери́ций
Арго́н	Argon	Ar	арго́н
Аста́т	Astatum	At	аста́т
Ба́рий	Barium	Ba	ба́рий
Бери́ллий	Beryllium	Be	бери́ллий
Бе́рклий	Berkelium	Bk	бе́рклий
Бор	Borum	B	бор
Бо́рий	Bohrium	Bh	бо́рий
Бром	Bromium	Br	бром
Вана́дий	Vanadium	V	вана́дий
Ви́смут	Bismuthum	Bi	ви́смут
Водоро́д	Hydrogenium	H	аш
Вольфра́м	Wolframium	W	вольфра́м
Гадоли́ний	Gadolinium	Gd	гадоли́ний
Га́ллий	Gallium	Ga	га́ллий
Га́фний	Hafnium	Hf	га́фний
Ге́лий	Helium	He	ге́лий
Герма́ний	Germanium	Ge	герма́ний
Го́льмий	Holmium	Ho	го́льмий
Дармшта́дтий	Darmstadtium	Ds	дармшта́дтий
Диспро́зий	Dysprosium	Dy	диспро́зий
Ду́бний	Dubnium	Db	ду́бний
Евро́пий	Europium	Eu	евро́пий
Желе́зо	Ferrum	Fe	фе́ррум
Зо́лото	Aurum	Au	а́урум
И́ндий	Indium	In	и́ндий
Йод	Iodium	I	йод
Ири́дий	Iridium	Ir	ири́дий
Итте́рбий	Ytterbium	Yb	итте́рбий

Русское название элемента	Латинское название элемента	Символ элемента	Произношение символа
И́ттрий	Yttrium	Y	и́ттрий
Ка́дмий	Cadmium	Cd	ка́дмий
Ка́лий	Kalium	K	ка́лий
Калифо́рний	Californium	Cf	калифо́рний
Ка́льций	Calcium	Ca	ка́льций
Кислоро́д	Oxygenium	O	о
Ко́бальт	Cobaltum	Co	ко́бальт
Коперни́ций	Copernicium	Cn	коперни́ций
Кре́мний	Silicium	Si	сили́циум
Крипто́н	Krypton	Kr	крипто́н
Ксено́н	Xenon	Xe	ксено́н
Кю́рий	Curium	Cm	кю́рий
Ланта́н	Lanthanum	La	ланта́н
Ливермо́рий	Livermorium	Lv	ливермо́рий
Ли́тий	Lithium	Li	ли́тий
Лоуре́нсий	Lawrencium	Lr	лоуре́нсий
Люте́ций	Lutetium	Lu	люте́ций
Ма́гний	Magnesium	Mg	ма́гний
Ма́рганец	Manganum	Mn	ма́рганец
Медь	Cuprum	Cu	ку́прум
Мейтне́рий	Meitnerium	Mt	мейтне́рий
Менделе́вий	Mendelevium	Md	менделе́вий
Молибде́н	Molybdaenum	Mo	молибде́н
Моско́вий	Moscovium	Mc	моско́вий
Мышья́к	Arsenicum	As	арсе́никум
На́трий	Natrium	Na	на́трий
Неоди́м	Neodymium	Nd	неоди́м
Нео́н	Neon	Ne	нео́н
Непту́ний	Neptunium	Np	непту́ний
Ни́кель	Niccolum	Ni	ни́кель
Нио́бий	Niobium	Nb	нио́бий
Нихо́ний	Nihonium	Nh	нихо́ний
Нобе́лий	Nobelium	No	нобе́лий

Русское название элемента	Латинское название элемента	Символ элемента	Произношение символа
Оганесо́н	Oganesson	Og	оганесо́н
О́лово	Stannum	Sn	ста́ннум
О́смий	Osmium	Os	о́смий
Палла́дий	Palladium	Pd	палла́дий
Пла́тина	Platinum	Pt	пла́тина
Плуто́ний	Plutonium	Pu	плуто́ний
Поло́ний	Polonium	Po	поло́ний
Празеоди́м	Praseodymium	Pr	празеоди́м
Проме́тий	Promethium	Pm	проме́тий
Протакти́ний	Protactinium	Pa	протакти́ний
Ра́дий	Radium	Ra	ра́дий
Радо́н	Radon	Rn	радо́н
Резерфо́рдий	Rutherfordium	Rf	резерфо́рдий
Ре́ний	Rhenium	Re	ре́ний
Рентге́ний	Roentgenium	Rg	рентге́ний
Ро́дий	Rhodium	Rh	ро́дий
Ртуть	Hydrargyrum	Hg	гидра́ргирум
Руби́дий	Rubidium	Rb	руби́дий
Руте́ний	Ruthenium	Ru	руте́ний
Сама́рий	Samarium	Sm	сама́рий
Свине́ц	Plumbum	Pb	плю́мбум
Селе́н	Selenium	Se	селе́н
Се́ра	Sulfur	S	эс
Серебро́	Argentum	Ag	арге́нтум
Сибо́ргий	Seaborgium	Sg	сибо́ргий
Ска́ндий	Scandium	Sc	ска́ндий
Стро́нций	Strontium	Sr	стро́нций
Сурьма́	Stibium	Sb	сти́биум
Та́ллий	Thallium	Tl	та́ллий
Танта́л	Tantalum	Ta	танта́л
Теллу́р	Tellurium	Te	теллу́р
Теннесси́н	Tennessium	Ts	теннесси́н
Те́рбий	Terbium	Tb	те́рбий

Русское название элемента	Латинское название элемента	Символ элемента	Произношение символа
Технéций	Technetium	Tc	технéций
Титáн	Titanium	Ti	титáн
Тóрий	Thorium	Th	тóрий
Тýлий	Thulium	Tm	тýлий
Углерóд	Carboneum	C	цэ
Урáн	Uranium	U	урáн
Фéрмий	Fermium	Fm	фéрмий
Флерóвий	Flerovium	Fl	флерóвий
Фóсфор	Phosphorus	P	пэ
Фрáнций	Francium	Fr	фрáнций
Фтор	Fluorum	F	фтор
Хáссий	Hassium	Hs	гáссий
Хлор	Chlorum	Cl	хлор
Хром	Chromium	Cr	хром
Цéзий	Caesium	Cs	цéзий
Цéрий	Cerium	Ce	цéрий
Цинк	Zincum	Zn	цинк
Циркóний	Zirconium	Zr	циркóний
Эйнштéйний	Einsteinium	Es	эйнштéйний
Эрбий	Erbium	Er	эрбий

Словарь
单词表

A

абсолю́тный 绝对的, 纯粹的, 完全的
абсорби́рующий 吸收的
авиацио́нный 航空的, 空军的
автомати́ческий 自动化的；机械的
агрега́тный 附件的, 部件的, 聚合的, 定型的
азо́т 氮
азо́тная кислота́ 硝酸
азо́тный 氮的, 硝的
акка́унт 账号
аккумуля́тор 蓄电池, 电瓶
алгебраи́ческий 代数的
аллотропи́я 同素异形
аллотро́пные модифика́ции 同素异形体
аллотро́пный 同素异形的
алма́з 金刚石, 钻石
алфави́т 字母表
Альбе́рт Эйнште́йн 阿尔伯特·爱因斯坦（瑞士、美国物理学家）
алюми́ний 铝
ампе́р 安培
амперме́тр 安培计, 电流表
амплиту́да 振幅
ана́логовый 模拟的, 类似的
антинейтри́но 反中微子
аппара́тный 硬件的, 器件的
апроби́рование 鉴定, 验证
Аристо́тель 亚里士多德（古希腊科学家）
арифме́тика 算数
арифмети́ческий 算数的
арифмети́ческое де́йствие 四则运算
архи́вный 关于档案的, 档案（中）的
астрономи́ческий 天文（学）的
астрофи́зика 天体物理学, 航天物理学
атмосфе́рное давле́ние 大气压（力）

атмосфе́рный 大气的,大气层的

а́том 原子

а́томы углеро́да 碳原子

Б

байт 字节

балло́н 瓶,罐

бараба́н 滚筒,盘,鼓

ба́рий 钡

безразли́чный 中立性的,不偏左右的

бензи́н 汽油

бери́ллий 铍

бесконе́чный 无限的

бесперебо́йный 连续的

бето́н 混凝土

бит 比特

блеск 光泽

блок пита́ния 供电设备

бо́льше 大于

бор 硼

бо́рная кислота́ 硼酸

бо́рный 硼的

боро́ться (НСВ) 斗争

брита́нец 英国人

бром 溴

бро́нза 青铜

броса́ть (НСВ)—бро́сить (СВ) 抛,掷,投,扔

бу́квенный 字母的

бушева́ть (НСВ) 风怒号,狂吹;浪澎湃,汹涌

бытово́й 日常生活的

бюро́ 委员会

В

в зави́симости от 取决于,依据

в ка́честве 作为……

в соотве́тствии с чем 按照,依据

в то же вре́мя 同时

ва́куум 真空

валю́та 货币

ватт 瓦特

ввод 输入端

вводи́ть (НСВ)—ввести́ (СВ) 输入,导入

вдоль 沿着, 顺着
вебина́р 线上研讨会
веду́щий 主导的, 领先的；主持人
ве́ктор 向量
ве́кторный 向量的
величина́ 量, 值
ве́рсия 版本
вертика́льный 垂直的, 纵向的
верши́на 峰值, 顶点, 顶
вес 重量, 天平, (复数)秤
ве́сить (НСВ)称重
ве́чный дви́гатель 永动机
вещество́ (ед. ч.) / вещества́ (мн. ч.) 物质
взаимоде́йствие 相互作用
взаимоде́йствовать (НСВ)互相影响, 相互协作
взаимосвя́зь(阴)相互关系, 相互联系
взрыв 爆炸, 爆破
видеоконфере́нция 视频会议
ви́димый 可见的
ви́димый свет 可见光
видоизмени́ться (СВ) — видоизменя́ться (НСВ) 改变, 变动
визуа́льный 可见的, 视觉的
виртуа́льный 潜在的, 虚拟的
включа́ть(НСВ) — включи́ть(СВ) 列入, 编入
включа́ться (НСВ) — включи́ться (СВ)包括；列入；参加；接通
включе́ние 列入；包括
вла́га 湿气, 水分
вла́жность(阴)湿度, 水分
вну́тренний 内部的, 内在的
внутрия́дерный 原子核内的
во ско́лько раз 多少倍
водоро́д 氢, 氢气
возведе́ние 乘方；建造
во́здух 空气
возду́шный 空气的
возду́шный насо́с 空气泵
возду́шный шар 气球
возника́ть(НСВ) — возни́кнуть(СВ) 产生, 出现, 发生
возникнове́ние 发生, 产生
возраста́ние 增长, 增强, 增长量
волна́ 波, 波浪
волнова́я тео́рия 波动学说
вольтме́тр 伏特计, 电压表

Словарь / 单词表

воображáемый 假想的, 想象的
воспринимáть (НСВ) — восприня́ть (СВ) 领会, 掌握, 理解
воспринимáться (НСВ) — восприня́ться (СВ) 领会
воспроизведéние 再现, 再生产
впи́тывание 吸收
впи́тывать (НСВ) — впитáть (СВ) 吸, 吸收, 接受
вращáть (НСВ) 转动, 旋转
вращáться (НСВ) 旋转, 转动, 自转
вращéние 转动, 旋转, 回转
времязатрáтный 耗时的
вряд ли 未必, 不见得
всевозмóжный 各种各样的, 形形色色的
вспы́шка 发火, 爆燃, 燃烧
встрóенный 内装式的
вся́кий 每一个, 各种
входя́щий 进入的, 凸出的
вы́вод 结论
вы́глядеть (НСВ) 看上去, 看起来
выдвигáть (НСВ) — вы́двинуть (СВ) 推出, 提出
выделéние 析出物
выделя́ть (НСВ) — вы́делить (СВ) 分出
вызывáющий 挑衅的
выпадáть (НСВ) — вы́пасть (СВ) 掉落, 消失, 降落
выпадéние 落下, 沉淀
вы́полненный 完成的
выражéние 表达
вы́разиться (СВ) — выражáться (НСВ) 表现出, 表达, 计算
высотá 高, 高度
вытяжнóй 拉出的, 抽出的
вы́честь (СВ) — вычитáть (НСВ) 减去, 扣除
вычисли́тельный 计算的
вычисля́ть (НСВ) — вы́числить (СВ) 计算, 核算
вычитáемое 减数
вычитáние 减法, 减去
вы́яснить (СВ) — выясня́ть (НСВ) 查明, 弄明白

Г

гáзовая постоя́нная 气体常数
газообрáзный 气态的, 气体的
Галилéо Галилéй 伽利略·伽利雷 (意大利物理学家)
гáмма-излучéние 伽马射线
гéлий 氦
гель (阳) 凝胶体

геометри́ческий 几何的；几何学的
гидроге́ниум 氢的拉丁语名称
гидрокси́д желе́за 氢氧化铁
гидрокси́д ка́лия 氢氧化钾
гидрокси́д ка́льция 氢氧化钙
гидрокси́д ма́рганца 氢氧化锰
гидрокси́д на́трия 氢氧化钠
гидрокси́д 氢氧化物
гипо́теза 假说
гла́вным о́бразом 主要地
гние́ние 腐败，腐烂
гологра́фия 全息（摄影）术，全息学
гравитацио́нная постоя́нная 引力常数，重力常数
гравитацио́нное по́ле 重力场，引力场
гравитацио́нный 万有引力的，重力的
гравита́ция 万有引力，重力
гра́дус 度，角度
грамм 克
гра́нула 粒，小粒，颗粒
гра́фик 图表
графи́т 石墨
графи́ческий 图表的
грозова́я ту́ча 积雨云，雷雨云
грозово́й 暴风雨的，多雷雨的
гром 雷
гру́ппа 组
гуманита́рный 人文的
Гц（герц）赫兹
Гю́йгенс 惠更斯（荷兰物理学家、天文学家）

Д

давле́ние 压力，压强
да́нный 数据；这个
дви́гатель（阳）发动机，引擎
движе́ние 运动
движе́ние по ине́рции 做惯性运动
двойно́е нера́венство 双边不等式
двои́чный 二进制的
двузна́чный 两位数的；有两个意义的
двуо́кись углеро́да（диокси́д углеро́да）二氧化碳
двуха́томен（-мна, -мно, -мны）双原子的
де́йствовать（НСВ）—поде́йствовать（СВ）起作用
декоди́рование 解码

деле́ние 除法
дели́мое 被除数
дели́тель（阳）除数
дели́ться（НСВ）—подели́ться（СВ）能除尽；分成
де́льта 表示变数的增量，三角
демонстри́ровать（НСВ，СВ）放映；展现；表演
десятимиллио́нный 千万的
десяти́чная дробь 小数，十进制小数
десяти́чный 小数的，十进制的
деформа́ция 变形，失真
децентрализо́ванный 分散的
дециме́тр 分米
джо́уль（阳）焦耳
диагона́ль（阴）对角线
диа́метр 直径
дина́мик 电动扬声器
дина́мика 动力学
дипо́ль（阳）偶极子
дисково́д 光驱
дискретиза́ция 模拟-数字转换；数字化
дискре́тно 不连续地，离散地，简短地，分散地
дистанцио́нный 远程的
дистилли́рованный 蒸馏的
дифра́кция 绕射，衍射，折射
диэле́ктрик 电介质，介质
длина́ 长度
дли́тельность（阴）长期性，持续时间
доба́вить（СВ）—добавля́ть（НСВ）添加
догада́ться（СВ）—дога́дываться（НСВ）猜到，领悟
доказа́ть（СВ）—дока́зывать（НСВ）证实，证明，论证
докла́дчик 报告人
долгота́ 经度
до́ля 一份
дорогосто́ящий 昂贵的，高价的
до́ступ 访问；接触
досу́г 空闲，闲暇
дра́йвер 驱动器，驱动程序
древнегре́ческий 古希腊的
дре́вность（阴）古代
дроби́ться（НСВ）碎裂，变成碎块
дро́бный 分数的
дробь（阴）分数，小数
други́ми слова́ми 换句话说

духо́вка 烤箱

Е

едини́ца измере́ния 测量单位

едини́ца 单位

есте́ственный 自然的

Ж

желе́зный 铁的

желе́зо 铁

жёсткий диск 硬盘

жёсткость(阴) 刚度, 硬度

жи́дкий 液体的, 流质的

жи́дкость(阴) 液体, 流体, 流质

З

за счёт 依靠

забо́титься 关心

зави́сеть(НСВ) 依附, 依赖, 取决于

зави́симость(阴) 依赖, 从属

загру́зка 负荷, 负载; 装入

задо́лго 早在, 以前

закоди́ровать (СВ)—коди́ровать (НСВ) 编码, 译码

Зако́н всеми́рного тяготе́ния 万有引力定律

зако́н ине́рции 惯性定律

зако́н сохране́ния заря́да 电荷守恒定律

зако́н 定律; 法律

закономе́рность(阴) 规律性; 合理性

зако́ны Нью́тона 牛顿定律

заменя́ть (НСВ)—замени́ть (СВ) 替换, 替代

замеча́ть (НСВ)—заме́тить (СВ) 看到, 察觉, 发觉, 注意到

за́мок 锁

запа́с 储备, 储存

записа́ться (СВ)—запи́сываться (НСВ) 登记, 报名, 挂号

записно́й 记笔记用的

за́пись(阴) 笔记

заплани́ровать (СВ)—плани́ровать (НСВ) 设计, 计划

за́пуск 起动, 发射

запуска́ть(НСВ)—запусти́ть (СВ) 发射; 放入

запу́щенный 忽略的, 荒废的

запята́я 逗号; 小数点

заря́д 电荷

заря́д ядра́ 原子核电荷

заря́женный 带电荷的

заста́вить（СВ）—заставля́ть（НСВ）摆满；挡住

затме́ние 蚀，(日、月)食，变黑

затра́та 消耗

зашифро́ванный 编(成密)码的，译成密码的

защити́ть（СВ）—защища́ть（НСВ）保护；辩护

звуково́й 声音的

звуча́ть（НСВ）发出声

знамена́тель（阳）分母

значе́ние 意义

значи́тельный 相当大的

зубна́я щётка 牙刷

И

и др. = и други́е 等等

и тому́ подо́бное 等等

идеа́льный 理想的

иеро́глиф 象形字，字

избы́ток 过剩，剩余

извлека́ть（НСВ）—извле́чь（СВ）取出，得到；开方

извлече́ние ко́рня 方根

изгото́вить（СВ）—изготовля́ть（НСВ）制作，制造

изгото́вленный 制成的

изли́шний 过分的，多余的

излуча́ть（НСВ）—излучи́ть（СВ）射出，放出

излуче́ние 辐射，放射

излуче́ние све́та 发光

измене́ние 变化，改变

измере́ние 测量

измери́тельный 测量用的

изме́рить（СВ）—измеря́ть（НСВ）测量，估量

изображе́ние 图像；变换式

изобретён (-а́, -о́, -ы́) 发明出，想出

изоли́рованный 单独的，孤独的，绝缘的

изоляцио́нный 绝缘的

изото́п 同位素

изотро́пный 各向同性的

изя́щный 精美的，文雅的

и́мпульс 冲量，冲力

иму́щество 财产，物资，资产

и́ндекс 指数，标记，注脚

индивидуа́льный 个人的，单独的

и́ней 霜
ине́ртный 惯性的,惰性的,不活泼的
ине́ртный элеме́нт 惰性元素
инерциа́льный 惯性的
ине́рция 惯性
инстру́кция 指令,细则
интенси́вность(阴)强度
интеракти́вный 相互作用的,交互的
интернациона́льный 国际的,世界的
Интерне́т 互联网
Интерне́т-прова́йдер 互联网服务提供商
интерфе́йс 接口
интерфере́нция 干涉,干扰,相互影响
информа́тика 信息学
инфракра́сное излуче́ние 红外线
инфракра́сный 红外的,红外线的
йод 碘
ио́н 离子
ири́дий 铱
Исаа́к Нью́тон 艾萨克·牛顿（英国物理学家）
испаря́ться(НСВ)—испари́ться(СВ) 蒸发
испуска́ться（НСВ)放出,发射,释放
испы́тывать（НСВ)—испыта́ть（СВ)感到,受到,遭到
иссле́довать 研究
исся́кнуть(СВ)—иссяка́ть(НСВ) 干涸,用完,竭尽
и́стинный 真实的,实际的
исто́чник све́та 光源
исто́чник 源泉,来源
исхо́дный 起始的,原始的
исчеза́ть（НСВ)—исче́знуть（СВ)消失,消逝
италья́нский 意大利的

К

К（Ке́львин)开尔文
ка́бель(阳)电缆,连接线
как пра́вило 通常,一般
ка́лий 钾
ка́льций 钙
канде́ла 坎德拉
капе́ль(阴)滴
карби́н 二价碳
карбона́т ка́льция 碳酸钙
карбона́т на́трия 碳酸钠

карбона́т 碳酸盐
карто́н 纸板，硬纸板
картоте́ка 卡片集
каучу́к 橡胶，生胶
квадра́т 平方，二次方
квадра́тный 平方的，二次方的
квант 量子
квант све́та 光子，光量子
ква́нтовая меха́ника 量子力学
ква́нтовый 量子的
килогра́мм 千克
киломе́тр 千米
кинема́тика 运动学
кинети́ческий 运动的，动力学的
кипе́ние 沸腾
кипе́ть (HCB) 沸腾，(液体)达到沸点
кислоро́д 氧，氧气
кислота́ 酸
Кл (куло́н) 库伦
клавиату́ра 键盘
классифика́ция 分类，分类法
класси́ческий 古典的，经典的
ключево́й 关键的
кно́пка 按钮，按键
ко́бальт 钴
ко́вкость (阴) 韧性，可锻性
код 密码，源代码
коди́рование 编码，译码
колеба́ние 波动，振动
колесо́ 轮，轮状物
коли́чественный 数量的
коли́чество 数量
комбини́рованный 混合的
комме́рческий 商业的
компа́кт-диск 光盘
компа́ктный 紧密的，密实的
компоне́нт 成分，部分
комфо́ртный 舒适的，方便的
конкре́тный 具体的
конста́нта 常数，恒量
конто́ра 事务所，办公室
контроли́ровать (HCB) 检查
контроли́роваться (HCB) 被检查

концентра́ция 浓度

координа́та 坐标

координа́тный 坐标的

ко́рень(阳) 根

корпускуля́рный 微粒的,高能粒子的

корректи́ровать(НСВ)—прокорректи́ровать(СВ) 改正,校正

корро́зия 腐蚀,锈蚀

космоло́гия 宇宙学,宇宙论

кофева́рка 咖啡机

коэффицие́нт 系数,因数,率,比

КПД = коэффицие́нт поле́зного де́йствия 效率

кра́тен(-тна, -тно, -тны) 除得尽的,倍数

кре́мний 硅

криво́й 弯曲的,歪斜的

крипто́н 氪

крыло́ 翼,翅膀,(汽车、自行车等)挡泥板

кры́ша 房顶,屋顶,盖

куб 立方,三次方

куби́ческий 立方的,三次方的

кусо́чек 段,小块,小片

Л

лабо́рато́рные усло́вия 实验室环境

ле́нта 带子

лёд 冰

лине́йка 尺子

ли́нза 透镜

ли́ния де́йствия 作用线

листопа́д 落叶,落叶季节

ли́тий 锂

логи́ческий 逻辑学的

локализова́ть(НСВ,СВ) 局部化,制止……扩大,使限于局部

лока́льный 局部的

лу́нное затме́ние 月食

луч 光线,射线,光束,射束

люминесце́нтный 发光的,荧光的

М

ма́гний 镁

магни́т 磁铁,磁石,磁体

магни́тное по́ле 磁场

магни́тный 磁的,磁性的

макроми́р 宏观世界
макросисте́ма 宏观系统
макроскопи́ческий 宏观的,肉眼可见的
Макс Планк 马克斯·普朗克(德国物理学家)
ма́рганец 锰
марганцо́вка 高锰酸钾
ма́сса 质量
масси́в 数组,数据集
масшта́бный 大规模的
материа́льная то́чка 质点
матери́нская пла́та 主板
мате́рия 物质
ма́трица 矩阵,方阵
ма́ятник 摆,摆锤,摆针
ме́дный 铜的
медь(阴) 铜
междунаро́дная систе́ма едини́ц 国际计量单位
мел 粉笔,碳酸钙
ме́льница 磨
мельча́йший 最小的
ме́ньше 小于
меню́(中,不变)菜单
ме́ра 标准,尺度,量度单位
меридиа́н 子午线
мероприя́тие 活动
металли́ческий 金属的
ме́тод 方法
меха́ника 力学
механи́ческий 力学的
ми́кроми́р 微观世界
микроскопи́ческий 显微镜的,极其微小的
микрофо́н 麦克风
миллиме́тр 毫米
минима́льный 最小的,最低的
ми́нус 减;减号;负号
многокра́тный 多倍的;多次的
многоуго́льник 多边形
многофункциона́льный 多功能的
многофункциона́льность(阴) 多功能性
мно́жество 多数,大量,许多
мно́житель (阳)乘数
модифика́ция 变形,变体,改型
мо́дуль (阳)因数,系数

молекула 分子

молекулярный 分子的

молибден 钼

молния 闪电

моль(阴)摩尔

момент силы 力矩

момент 片刻,瞬间

монитор 屏幕,显示器

мощность(阴)功率

мультимедийный 多媒体的

мышь(阴)鼠标

мышьяк 砷

мячик 小球

Н

набирать(НСВ)—набрать(СВ)积累

наблюдать(НСВ)观察,研究

наблюдение 观察,观测

наводнение 水灾,洪水

нагревание 加热,加温,发热

нагревать(НСВ)—нагреть(СВ)加热

нагреваться(НСВ)—нагреться(СВ)热起来,变热

нагретость(阴)加热度,加热性

надёжность(阴)可靠性,安全性

надёжный 可靠的

надпись(阴)题词;说明

нажимать(НСВ)—нажать(СВ)点击,按压

назваться(СВ)—называться(НСВ)称为……

назначение 用途,功用

наибольший 最大的

наименьший 最小的

найти(СВ)—находить(НСВ)找到

наклонный 倾斜的,有斜度的

накопить(СВ)—накапливать(НСВ)积累,蓄积

накопление 积累

наличие 存在,具备,在场

нанометр 纳米,毫微米

напоминать(НСВ)—напомнить(СВ)和……很相像,与……相似

напоминающий 像……状的

направление движения 运动方向

население 人口

насос 泵

настройка 调节,调整

настро́ить (СВ) — настра́ивать (НСВ) 建筑；控制
насы́щенный 饱和的，充实的
на́трий 钠
натура́льное число́ 自然数
натура́льный 自然的，自然科学的
нау́шники 耳机
нахожде́ние 算出，求出；找出
не зави́сеть от чего́ 不依附于，不取决于
небе́сное те́ло 天体
небе́сный 天的，天体的
неве́рный 不正确的
невероя́тно 难以置信地
невооружённый глаз 肉眼（不用任何镜子或仪器）
негати́вный 否定的，反面的
недоста́ча 不足，短缺
недостаю́щий 缺少的，短缺的
неживо́й 死的，非有机体的
незавершённый 没做完的，未完工的，未完成的
нейтра́льно 中立地，中性地
нейтро́н 中子
неметалли́ческий 非金属的
ненулево́й 非零的
неопределённость (阴) 不定式，不确定
неподви́жный 静止的
непра́вильная дробь 假分数
непреры́вный 连续的
нера́венство 不等式
неразры́вно 难分离地
несократи́мая дробь 不可约分的分数
нестро́гое нера́венство 非严格不等式
нефть (阴) 石油
нечётное число́ 奇数
нечётный 奇数的
неэти́чный 不道德的
ни́кель (阳) 镍
Николя́ Сади́ Карно́ 尼古拉·萨迪·卡诺（法国物理学家）
нитра́т ка́лия 硝酸钾
нитра́т ка́льция 硝酸钙
нитра́т ме́ди 硝酸铜
нитра́т на́трия 硝酸钠
нитра́т рту́ти 硝酸汞
нитра́т 硝酸盐
нить (阴) 线

Норве́гия 挪威

но́утбук 笔记本电脑

ньюто́н 牛顿（力学单位）

O

обеспе́чение 保证，保障

обеспе́чивать（НСВ）—обеспе́чить（СВ）保证，保障

обесцве́чивание 脱色，去色

оби́деть（СВ）—обижа́ть（НСВ）得罪，欺负

облада́ть（НСВ）拥有，具有

о́блачное храни́лище 云储存

облегчи́ть（СВ）—облегча́ть（НСВ）减轻，减化

облуче́ние 照射，辐射，曝光

обме́ниваться（НСВ）—обменя́ться（СВ）交换，互换，交流

обожа́ть（НСВ）热爱，崇拜

обознача́ться（НСВ）用……表示

обозначе́ние 符号，标记，表示

обозна́чить（СВ）—обознача́ть（НСВ）意思是；表明，指出

обору́дование 设备

обраба́тывать（НСВ）—обрабо́тать（СВ）加工，整理

обрабо́тка 加工，整理

образова́ть（НСВ，СВ）构成，形成

образова́ться（НСВ，СВ）形成，生成

обра́тно 相反地

обсервато́рия 天文台，观测台

обтека́емость（阴）流线性，流线程度

обтека́емый 流线型的，圆滑的

обусло́вить（СВ）—обусло́вливать（НСВ）作为……的前提条件；是……的原因；引起

обусло́вливать（НСВ）—обусло́вить（СВ）造成，引起

обходи́ться（НСВ）—обойти́сь（СВ）对待

о́бщая тео́рия относи́тельности（ОТО）广义相对论

объём 体积，容量

обыкнове́нная дробь 简分数

обыкнове́нный 平常的，通常的

ограни́чен（-а，-о，-ы）被限制，被限定

одина́ковый 同样的，一样的

одновре́менно 同时地

однозна́чный 同义的

одноимённые заря́ды 同性电荷

одноро́дный 均质的，均匀的

одобре́ние 赞同，赞成

означа́ть（НСВ）—озна́чить（СВ）意思是……

озо́н 臭氧

ОЗУ（Операти́вное запомина́ющее устро́йство）运算储存器
оконча́тельно 最终地,彻底地
окра́ска 着色,颜色
окружа́ющая среда́ 周围环境
окружа́ющий 周围的,环境的
окру́жность(阴)圆周,圆
окси́д алюми́ния 氧化铝
окси́д ма́рганца 氧化锰
окси́д рту́ти 氧化汞
окси́д се́ры 氧化硫
окси́д углеро́да 氧化碳
окси́д 氧化物
о́лово 锡
Ом 欧姆
онла́йн 在线,线上
операти́вная па́мять 内存储器,操作存储器
опера́тор 运算符;操作员
опера́ция 运算;手术
опере́ться（СВ）—опира́ться（НСВ）依据
описа́ть（СВ）—опи́сывать（НСВ）叙述,说明
опо́ра 支点
определённый 一定的
определи́ть（СВ）—определя́ть（НСВ）确定;计算
о́птика 光学
опти́ческий эффе́кт 光学效应
ора́нжевый 橙色的,橘色的
орби́та 轨道
ориенти́ровать（НСВ,СВ）定向;规定目标
ортофо́сфорная кислота́ 正磷酸
ортофо́сфорный 正磷酸的
оса́док 沉积物,沉淀物
освобожда́ть（НСВ）—освободи́ть（СВ）放出,释放
ослабля́ть（НСВ）—осла́бить（СВ）削弱,减弱
ослабля́ться（НСВ）—осла́биться（СВ）使松弛,缓和,放松,变弱
основа́ние сте́пени 幂的基数
основно́й 基本的,主要的
оста́ток 余数;剩余
оста́ться（СВ）—остава́ться（НСВ）留下来;仍然是
о́стрый 尖的,锋利的
осуществле́ние 实现;实行;实施
осуществля́ть теплообме́н 实现热交换
ось(阴)轴线,中心线,轴
отде́льность(阴)单独,个别

отделя́ться（НСВ）—отдели́ться（СВ）分开

отказа́ться（СВ）—отка́зываться（НСВ）拒绝；失灵

отмени́ть（СВ）—отменя́ть（НСВ）取消，废除

отме́тить（СВ）—отмеча́ть（НСВ）标出，登记；记下来

относи́тельная а́томная ма́сса 相对原子质量

относи́ться к кому-чему 与……有关系

относи́ться 与……有关；比；属于

отня́ть（СВ）—отнима́ть（НСВ）减，减去

отобража́ть（НСВ）—отобрази́ть（СВ）反映，表现

отображе́ние 反映，表现，绘图

отпеча́ток 压痕，痕迹

отпра́вка 派遣，交付

отрази́ть（СВ）—отража́ть（НСВ）反映出，表现

отреаги́ровать（СВ）—реаги́ровать（НСВ）做出反应

отрица́тельное число́ 负数

отрица́тельный 负的；否定的；消极的

отрица́тельный заря́д 负电荷

отсу́тствовать（НСВ）没有，缺席

отсчёт 读数，指标数

отта́лкиваться（НСВ）—оттолкну́ться（СВ）互相排斥

охлажда́ться（НСВ）—охлади́ться（СВ）冷却，变冷

охлажде́ние 冷却，变冷

оцифро́ванный 编号的

оцифро́вка 编码

очё́рчивать（НСВ）—очерти́ть（СВ）画线；画出轮廓

П

па́блик 公众号

па́дать（НСВ）—пасть 或 упа́сть（СВ）落下，下降

паде́ние 落下，坠落

па́лец 手指

пане́ль（阴）控制板，操纵台

параллелепи́пед 平行六面体

паралле́льно 平行地；同时地

пара́метр 参数，因数，数据

парашю́т 降落伞，救生伞

пари́жский 巴黎的

парово́й 蒸汽的

парово́й дви́гатель 蒸汽发动机

парообразова́ние 汽化，蒸发

паска́ль（阳）帕

первонача́льно 最初，起初

переадресо́вывать（НСВ）—переадресова́ть（СВ）按新地址发送

передвижéние 移动；改期，推迟
пéрекись（阴）过氧化物
пéрекись водорóда 过氧化氢
переméнный 可变的；不定的
перемещéние 位移，移动
перенóс 转移，迁移
перенóс энéргии 能量转移
перераспределя́ть（НСВ）—перераспредели́ть（СВ）重新分配
пересечéние 交叉，交叉点
пересыла́ть（НСВ）—пересла́ть（СВ）转寄
перехóд 转化
перечи́слен（-а，-о，-ы）列举，列入
пери́од 周期
периоди́ческий 周期的
периоди́ческий закóн 周期律
перпендикуля́р 垂直线
перпендикуля́рно 垂直地
персона́льный 个人的；个人专用的
печáтать（НСВ）—напечáтать（СВ）印刷；发表
ПЗУ（Постоя́нное запомина́ющее устрóйство）（电子计算机）永久存储器
пи́ксель（阳）像素
пищева́я сóда 食用碱
пла́виться（НСВ）—распла́виться（СВ）熔化，熔解
плавлéние 熔化，熔解，熔炼
планшéт 平板仪，绘图板；平板电脑
пласти́чность（阴）塑性，可塑性
пластмáсса 塑料，塑胶
платёжный 付款的，支付的
пла́тина 铂，白金
пла́тиновый 铂的，白金的
платфóрма 平台；站台
плéйер 播放器
плечó си́лы 力臂
плóский 平的
плóскость（阴）平面，面
плóтность（阴）密度
плóщадь（阴）面积
плутóний 钚
плюс 加；加号
по крáйней мéре 至少
повáренная соль 食用盐
повáренный 烹调（用）的，食用的
поведéние 行为，特性，性能

поверхность (阴) 表面,表层
повторно 重新,再次
повышаться (НСВ) — повыситься (СВ) 升高,加强,增加
поглощать (НСВ) — поглотить (СВ) 吸收,吞没
поглощение 吸收,吸入
поглощение света 光线吸收
подкоренной 根号下的
подписка 订阅,订单
подразделяться (НСВ) 分成,分为
подсказать (СВ) — подсказывать (НСВ) 提示,指出
подставить (СВ) — подставлять (НСВ) 代入,放到
подтверждать (НСВ) — подтвердить (СВ) 证明,证实
подчинён (-ена, -ено, -ены) 隶属,从属于……的
подчиняться (НСВ) — подчиниться (СВ) 服从;隶属于
позволить (СВ) — позволять (НСВ) 允许
показатель преломления 折射率
показатель степени 幂的指数
покинуть (СВ) — покидать (НСВ) 离开;放弃;背弃
покой 静止
покрывать (НСВ) — покрыть (СВ) 盖上,包上,涂上
полив 灌溉
полноценный 有充分价值的
положение 状态,位置
положительный 正的;肯定的;积极的
положительный заряд 正电荷
полутень (阴) 半影,半阴影
пользователь (阳) 用户,使用者
поляризация 极化,极化作用
поляризоваться (НСВ, СВ) 极化
понижаться (НСВ) — понизиться (СВ) 降低,减弱
понижение 减低,降低
понятие 概念
порошок 粉,粉末,粉剂
порция 份,量,一部分
порядковый номер 顺序号码
порядковый 顺序的
поскольку 既然,因为
последовательно 逐次,依次地
последовательность (阴) 连续性,连贯性
посредник 媒介;中间人
посредством чего 用,借助于
постель (阴) 床铺
постоянная Планка 普朗克常数

постоянная скорость 等速,匀速,恒速
постоянная 常数,常量
постоянный 恒定的,不变的
построение 建造;结构
потенциальная энергия 势能
потенциальный 势的;潜在的
потеря 损失,损耗
поток частиц 粒子(颗粒)流
появиться（СВ）—появляться（НСВ）出现
правильная дробь 真分数
превращаться（НСВ）—превратиться（СВ）变为,成为
превращение 变化,转换
предварительно 预先,事先
предельная величина 转化值
предлагать（НСВ）—предложить（СВ）提供
предназначаться（НСВ）—предназначиться（СВ）用途是,用于
предназначить（СВ）—предназначать（НСВ）预先规定
предоставить（СВ）—предоставлять（НСВ）给予,赋予,使……具有
предположение 假设,预想,推测
предположить（СВ）—предполагать（НСВ）推测,猜测,假设
предсказать（СВ）—предсказывать（НСВ）预言,预告,预报
представить（СВ）—представлять（НСВ）展现;提交
представление 概念
представленный 被提出的;是,系
представлять собой 是,乃是,系
предыдущий 以前的,上述的
презентация 幻灯片;发布会
прекращаться（НСВ）—прекратиться（СВ）停止,中断,不再
преломление 折射
преобразование 变换;改造(名)
преобразователь (阳)变换器
преобразовывать（НСВ）—преобразовать（СВ）变换;改造
преодолевать（НСВ）—преодолеть（СВ）克服
при наличии 当……在场时
при помощи 在……的帮助下,借助于……,用……
прибавить（СВ）—прибавлять（НСВ）加上,添加
приближение 接近,靠近
прибор 仪器
привести（СВ）—приводить（НСВ）带到,引到
приветливый 亲切的,殷勤的
признак 特征
прикладной 应用的
примесь (阴)添加剂,混合物

принадлежа́ть (НСВ) 属于
принадле́жность (阴) 归属；特征；属性
при́нтер 打印机
принуди́тельный 强制的，强迫的
при́нят (-á, -o, -ы) 公认的
приобрета́ть (НСВ)—приобрести́ (СВ) 获得，买到，具有
приобрете́ние 获得，具有
припи́сывание 登记；归因
приро́дные усло́вия 自然环境
присоедини́ться (СВ)—присоединя́ться (НСВ) 联合，加入
прито́к 支流，流入
прито́к эне́ргии 能流，能量进入量
притя́гивать (НСВ)—притяну́ть (СВ) 吸引
притя́гиваться (НСВ)—притяну́ться (СВ) 互相吸引，以引力作用使运动
притяже́ние 吸力，引力
причи́на 原因
прове́рить (СВ)—проверя́ть (НСВ) 检查，检验
прове́риться (СВ)—проверя́ться (НСВ) 检查，核对
провести́ (СВ)—проводи́ть (НСВ) 实行，进行
проводи́мость (阴) 传导性，导电性
проводни́к 导体，导线
програ́ммный 纲领性的；程序的
продержа́ться (СВ)—держа́ться (НСВ) 保持，持续，存在
продо́лжить (СВ)—продолжа́ть (НСВ) 继续，延长
проду́кты реа́кции 反应产物
прозра́чная одноро́дная среда́ 透光均匀介质
прозра́чность (阴) 透明性，透明度
прозра́чный 透明的，透光的
про́йденный 走过的
произведе́ние 积，乘积
произво́дный 导出的，派生的，转成的
промежу́ток 间隔，区间
пропорциона́льно 成比例地，匀称地，相称地
пропо́рция 比例
просма́тривать (НСВ)—просмотре́ть (СВ) 翻阅，浏览
просмо́тр 观察；浏览；检查
просте́йший 最简单的
просто́й 简单的
простра́нственное расположе́ние 空间排列
простра́нственный 空间的，立体的
простра́нство 空间
противополо́жен (-жна, -жно, -жны) 相反的，对立的
противополо́жный 对面的；相反的

протон 质子

процедура 程序,手续

процессор 处理器

прочность(阴)坚固(性),强度

проявление 表明,显示,表示

прямой 直的

прямолинейный 直线的

прямоугольный 直角的

путать（НСВ）弄乱,弄错

путь(阳)路程

пыль(阴)粉尘,尘埃

пытаться（НСВ）—попытаться（СВ）企图,打算

Р

работа 功

равенство 相等,平等

равновесие 平衡

равнодействующий 合力的,合量的,合成的

равномерно 相同地,相等地

равный（-вен，-вна，-вно，-вны）相等的,等于

радиоактивный 放射性的

радиоволны(复)无线电波

радиус атома 原子半径

радиус 半径,射程

радуга 虹,霓

разбиение 划分,分块,分解

разделить（СВ）—разделять（НСВ）分成,划分；除以

различить（СВ）—различать（НСВ）识别,区分

разложение 解体,分解

размещать（НСВ）—разместить（СВ）分别安置到,布置,分布

размещаться（НСВ）—разместиться（СВ）分别安置到

размытый 不清楚的

разновероятный 可能不同的

разноимённые заряды 异性电荷

разность(阴)差,差值

разработчик 研发人员

разрушительный 破坏性的,导致毁灭的

разрушительный потенциал 破坏性潜力

разрядный 放电的

раскат 轰隆声

расположить（СВ）—располагать（НСВ）支配,布置

распределять（НСВ）—распределить（СВ）分配,分类整理出

распределяться（НСВ）分配

распространéние свéта 光的传播
распространённый 常见的，普遍的
распространя́ть（НСВ）—распространи́ть（СВ）推广，普及
распространя́ться（НСВ）—распространи́ться（СВ）传播
рассма́тривать（НСВ）—рассмотрéть（СВ）分析，研究
расстоя́ние 距离，间隔
рассуди́ть（СВ）—рассужда́ть（НСВ）推论，论断
рассуждéние 推论
раство́р 溶液
растворя́ться（НСВ）—раствори́ться（СВ）溶，溶解
ра́стровый 光栅的
расту́щий 生长，增长
расхо́довать（НСВ）—израсхо́довать（СВ）花费，使用，消耗，耗费
расхождéние 差别，偏差
расчёска 梳子
расчёсывание 梳理
расчёт 计算，核算
расши́рить（СВ）—расширя́ть（НСВ）放大，扩大
рациона́льное число́ 有理数
реаги́ровать（НСВ）—прореаги́ровать（СВ）反应，起反应
региóн 区域，地区
режи́м 制度，规范
рези́на 橡胶，橡皮
рéзкий 强烈的，显著的
результа́т 结果
результи́рующий 合成的
рекомендова́ть（НСВ，СВ）推荐，介绍
рекомендова́ться（НСВ，СВ）自我介绍
релятиви́стский 相对的
рентгéновский X射线的，X光的
рентгéновское излучéние X射线，X光
роса́ 露，露水
рту́тный 汞的，水银的
рулéтка 卷尺
ряд 级数；行；队伍

С

С（Цéльсий）摄氏，摄氏温度计
с помо́щью 借助于……，用……
с то́чки зрéния 从……的观点上来看
самооцéнка 自我评价
самопроизво́льно 不由自主地，自发地
сантимéтр 厘米

сбой 失效，故障
сведения（复）资料；消息；信息
сверкание 闪光，闪烁
сверхбольшой 极大的，超大的
сверхмалый 极小的，超小的
световой 光的
световой луч 光线
световые волны 光波
свечение 辉光，发光
свинец 铅
свободная энергия 自由能
свойство 特性，属性
связан（-а，-о，-ы）с 与……有关
сглаживание 平整，缓和
сгорание 燃烧
северное сияние 北极光
секунда 秒
секундомер 秒表
сера 硫
серебро 银
серная кислота 硫酸
серный 硫的，硫磺的
сечение 界面，剖面，切割
сигнал 信号
сила 力，力量
сила притяжения 引力
сила тока 电流
силикат 硅酸盐
силикат калия 硅酸钾
силикат магния 硅酸镁
сияние 光，亮光
сканер 扫描仪
сканирование 扫描
скобка 括号
скорость（阴）速度
скорость света 光速
слагаемое 加数
слайд 幻灯片；下滑，滑动
следить（НСВ）注意，跟踪
следовательно 所以，因此
следствие 结果；推论
сложение 加法
сложить（СВ）—складывать（НСВ）相加，叠加；放在一起

сло́жный 复杂的

служи́ть（НСВ）—послужи́ть（СВ）用作，服务

слюда́ 云母

сме́на 更换

сме́на дня и но́чи 昼夜交替

сме́шанная дробь 带分数

смеща́ться（НСВ）—смести́ться（СВ）移动

смеще́ние 移动，改变

смола́ 树脂，焦油，松香，胶质物

соверша́ть（НСВ）—соверши́ть（СВ）进行，执行，完成

совоку́пность（阴）总合，总体

совпада́ть с кем-чем 与……相符，与……一致

содержи́мое 含量，可容度

соединённый 连接的，合并的

соединя́ться（НСВ）—соедини́ться（СВ）连接住，相接

сократи́мая дробь 可约分的分数

сокраще́ние дро́би 约分

сокраще́ние 减缩，减少

сокращённый 简化的，缩写的

со́лнечное затме́ние 日食

соль（阴）盐类

соля́ная кислота́ 盐酸

соля́ный 盐的

соотве́тственно 依照，依据，分别地，相应地

соотве́тствовать（НСВ）适合于，相合，与……相符

соотве́тствующий 相应的，有关的

соотноше́ние 相互关系，比值，关系式

сопровожда́ться（НСВ）伴有，有……同时发生，并发

сопротивле́ние 阻力，电阻，强度

соста́в 成分，组成

соста́вить（СВ）—составля́ть（НСВ）是；组成；编制

составно́й 合成的，组合的

состоя́щий 组成的

сосу́д 器皿，容器

сохране́ние 保存，维持

сохраня́ть（НСВ）—сохрани́ть（СВ）保存，保护，保持

социоло́гия 社会学

соцсе́ть（阴）社交网络

спектр 谱

специа́льная тео́рия относи́тельности（СТО）狭义相对论

спидо́метр 速度表，里程计

сплав 合金，熔合物

сплайн 样条函数

спо́соб 方法,方式

справедли́в（-a，-o，-ы）公正的,公平的

сравни́ть（СВ）—сра́внивать（НСВ）比较

среда́ 环境,介质,媒质

сре́дство 方法；工具

сталь(阴)钢

станда́ртный 标准的,合乎规格的,公式化的

становле́ние 形成

ста́тика 静力学,静态

статисти́ческий 统计的,统计学的

стекло́ 玻璃

сте́пень(阴)幂,比率

сте́ржни（复）轴,钉,针

стимули́ровать（НСВ，СВ）刺激；促进

стира́льная маши́на 洗衣机

столб 柱子,杆

столе́тие 百年,世纪

стро́гое нера́венство 严格不等式

структу́ра 结构

ступе́нчатый 分级的；阶梯的

субато́мные части́цы 亚原子粒子

субато́мный 亚原子的

субъекти́вный 主观的,片面的

сульфа́т алюми́ния 硫酸铝

сульфа́т ба́рия 硫酸钡

сульфа́т желе́за 硫酸铁

сульфа́т ка́лия 硫酸钾

сульфа́т ка́льция 硫酸钙

сульфа́т ко́бальта 硫酸钴

сульфа́т ме́ди 硫酸铜

сульфа́т свинца́ 硫酸铅

сульфа́т ци́нка 硫酸锌

сульфа́т 硫酸盐

су́мма 和

сумма́рный 总的,总和的,累计的

сурьма́ 锑

существова́ть 有,存在

сфе́ра 球体,球面

сформули́ровать(СВ)—формули́ровать（НСВ）定义,简明地说出

схе́ма 图,图解

США 美国

T

так как 因为

таким образом 因此，这样一来
таяние 融化，融解
твёрдость (阴) 硬度，硬性
твёрдый 坚硬的，固体的，固态的
текстовый 正文的，原文的
телекоммуникационный 电信的
тем не менее 虽然，然而，尽管如此
температура 温度
тень (阴) 影，阴影，背光的地方
теория излучения 辐射理论
теория относительности 相对论
тепловая машина 热力机，热机
тепловой 热的，热力的
тепловой эффект 热效应
теплоёмкость (阴) 热容(量)，比热
теплообмен 热交换
теплопроводность (阴) 热传导，导热性
теплота 热能，热量
термодинамика 热力学
термодинамическая система 热力学系统
термодинамический процесс 热力学过程，热力循环
термодинамическое равновесие 热力(学)平衡
термометр 温度计
термостат 恒温器
терять (НСВ)—потерять (СВ) 遗失，丧失，减少
тетраэдр 方锥体，四面体
титан 钛
толщина 厚度，粗度
тонкий 薄的，细的
тонна 吨
точечный 点的，点状的
точка опоры 支撑点，支点
точка приложения 着力点
точность (阴) 准确度，准确性
точный 准确的，精密的
точный результат 精确结果，准确结果
траектория 轨道，轨迹，路径
транзистор 晶体管
трение 摩擦，摩擦力
трубка 小管
туча 乌云
тяжесть (阴) 重力
тянуть (НСВ)—потянуть (СВ) 拉，扯，拽

У

убыва́ние 减少,降低

уведомле́ние 公报,通知书

увеличе́ние 放大率,增大,增加,提高,放大

увели́чиваться（НСВ）—увели́читься（СВ）增加,扩大,加强

углеки́слый газ 碳酸气,二氧化碳

углеки́слый 碳酸的

углепла́стик 碳纤维复合材料,碳素料

углеро́д 碳

у́гол 角

у́голь（阳）煤,碳,炭

у́гольная кислота́ 碳酸

у́гольный 煤的,碳的

уде́льный 单位的,比的,比率的

уде́льный объём 比容,单位容积

уделя́ть（НСВ）—удели́ть（СВ）分给,拨给

уделя́ть внима́ние 注意,关注

указа́ние 指数；说明,指明

ука́занный 规定的；上述的

ука́зываться（НСВ）—указа́ться（СВ）指出,指明

улучше́ние 改进,改善

ультрафиоле́товое излуче́ние 紫外线

ультрафиоле́товый 紫外线的

уменьша́емое 被减数

уменьша́ться（НСВ）—уме́ньшиться（СВ）减少,缩小,降低

уменьше́ние 减少,降低,减弱

уме́ньшить（СВ）—уменьша́ть（НСВ）使减少,缩小,降低

умноже́ние 乘法

умно́жить（СВ）—умножа́ть（НСВ）乘以

уника́льный 独一无二的,唯一的

управля́ть（НСВ）—упра́вить（СВ）操纵,控制,支配

упру́гость（阴）弹力,弹性

уравне́ние хими́ческой реа́кции 化学反应方程式

уравне́ние 方程式

уравнове́шивать 使平衡,使均等

урага́н 飓风

ура́н 铀

ускоре́ние 加速度

устана́вливать（НСВ）—установи́ть（СВ）建立,规定,制定

установи́ться（СВ）—устана́вливаться（НСВ）形成,建立

устано́вленный 规定的,确定的

у́стный 口述的,口头上的

устóйчивость（阴）稳定性，稳定度
устóйчивый 稳定的，平稳的
устрóйство 设备；构造
утвержда́ть（НСВ）—утверди́ть（СВ）确定
учётный 核算的，登记的
ую́т 舒适

Ф

F（Фаренге́йт）华氏，华氏温度计
фаза́н 雉，野鸡
фарфо́р 瓷，陶瓷
фи́зика 物理，物理学
физи́ческая величина́ 物理量
физи́ческие сво́йства 物理性质
физи́ческий 物理的
физкульту́ра 体育
фикси́рованный 固定的；测出的
филосо́фия 哲学
фильтр 过滤器
фиоле́товый 紫色的
флéшка 优盘
фокусиро́вка 聚焦
форма́т 大小，尺寸
фо́рмула 公式
фо́сфат ка́льция 磷酸钙
фо́сфат ли́тия 磷酸锂
фо́сфат 磷酸盐
фо́сфор 磷
фо́сфорная кислота́ 磷酸
фо́сфорный 磷的
фото́н 光子
фотоплёнка 摄影胶片
фотоэффе́кт 光电效应
фтор 氟
фуллере́н 球壳状碳分子
фундамента́льный 基本的，主要的

Х

характеризова́ть（НСВ, СВ）评定，鉴定，说明……的性质
характери́стика 特性，特征，指标
хвост 尾，尾巴，尾部
хими́ческая реа́кция 化学反应

хими́ческая фо́рмула 化学式

хими́ческие сво́йства 化学性质

хими́ческий симво́л（=хими́ческийи знак）化学符号

хими́ческий элеме́нт 化学元素

хлор 氯

хлори́д алюми́ния 氯化铝

хлори́д желе́за 氯化铁

хлори́д ка́лия 氯化钾

хлори́д ка́льция 氯化钙

хлори́д ма́гния 氯化镁

хлори́д ма́рганца 氯化锰

хлори́д на́трия 氯化钠

хлори́д серебра́ 氯化银

хлори́д ци́нка 氯化锌

хлори́д 氯化物

хло́рная кислота́ 高氯酸

хло́рный 氯的

холоди́льник 冰箱

хране́ние 保存，保管

храни́тель（阳）保管员

хром 铬

Ц

цара́пина 擦伤，刮痕

це́зий 铯

целико́м 完全

центр тя́жести 重心

цинк 锌

цуна́ми（中，不变）海啸

Ч

части́ца 粒子，微粒，质点，分子

части́чно 部分地，局部地

ча́стное 商，商数

частота́ 频率

частота́ фото́на 光子频率

часть（阴）部分

чередова́ние 交替，轮流，顺序

чередова́ться（НСВ）轮流，替换

че́тверть（阴）四分之一

чётко 精确地

чётное число́ 偶数

чётный 偶数的
численный 数的，数量上的
числитель（阳）分子
числовой 数字的，数值的
чистое вещество 纯质，纯物质
чрезмерный 过分的，过度的

Ш

шар 球，球体
шведский 瑞典的
шерсть（阴）羊毛
ширина 宽度，宽
шкала 标度，刻度
шторм 风暴，暴风雨
щелочной 碱的，碱性的
щелочной металл 碱金属
щёлочь（阴）碱

Э

эбонит 硬橡胶
эволюция 进化，演变
экономичный 经济的，省钱的
эксперимент 实验
экспериментировать（НСВ）实验，试验
эксплуатация 开发，经营
электризация 起电，带电
электрическая прочность 电强度
электрический 电的
электрический диполь 电偶极子
электрический заряд 电荷
электрический ток 电流
электромагнетизм 电磁，电磁学
электромагнитные волны 电磁波
электромагнитные силовые взаимодействия 电磁力相互作用
электрон 电子
электропроводность（阴）导电性，导电度
электростатика 静电学
электротехника 电工学，电工技术
элементарный 基础的；元素的
энергетический уровень 能级
энергия фотона 光子能
энергия 能量

энтропи́я 熵,热力函数
э́ра 时代,纪元
этало́н 标准,规格,标准量具
этано́л 乙醇,酒精
эффекти́вность(阴)效能,效率,效力
э́хо 回声

Я

явле́ние 现象;事物
явля́ться 是
я́дерный 核的
ядро́ а́тома 原子核
янта́рь(阳)琥珀
яче́йка 筛孔,网眼;格,单元

Ключи
参 考 答 案

Введение
绪　　论

2. Найдите в тексте однокоренные слова (существительные).
请在文章中找出与下列单词同一词根的名词。

выражение	составление
построение	получение
решение	накопление
использование	хранение
строение	передача
превращение	преобразование
взаимодействие	защита

3. Составьте словосочетания по модели. Прочитайте их.
请按示例完成下列习题。

(1) изучать точные закономерности, изучать явления и объекты природы

(2) измерять с помощью установленных методов, измерять с помощью приборов

(3) описывать с помощью определённых понятий

(4) опираться на численные значения, опираться на формулы

(5) делать выводы

(6) давать химии средства и приёмы

5. Поставьте прилагательные в нужную форму.
用形容词的适当形式与名词搭配。

(1) материальный мир, материальные точки

(2) математическая величина, математические законы, математическая задача, математические величины

(3) общие законы, общие свойства, общие методы, общее свойство

(4) технический институт, технические науки, технические университеты

(5) научные методы, научная задача, научный метод, научные задачи, научная информация

(6) химическая задача, химические законы, химическое свойство, химический состав

(7) другие свойства, другая наука, другой закон, другая величина, другое свойство

(8) физические законы, физическая величина, физическое свойство, физические величины

Ключи / 参考答案

6. Образуйте словосочетания и предложения по модели.

仿照示例完成下列习题。

Оно имеет свойство.

Мы изучаем математику.

Они имеют задачи.

Я изучаю вещества.

Ты имеешь строение.

Вы изучаете информатику.

Она имеет форму.

Я изучаю химию.

Они имеют отношение.

Мы изучаем языки.

7. Составьте предложения.

连词成句。

（1）Студенты изучают математику, химию и информатику.

（2）Физика изучает материальный мир.

（3）Химия изучает вещества, их состав, строение, свойства и превращения.

（4）Информатика изучает структуру информации.

（5）Наука имеет методы и законы.

（6）Математика изучает величины, пространственные формы и количественные отношения.

Раздел 1　Язык математики
第 1 章　数学篇

Урок 1　Натуральные числа
第 1 课　自然数

3. Восстановите текст, вставьте пропущенные слова.

根据文章意思填空。

число, цифра, две, натуральные, число.

5. Напишите предложения по модели.

根据示例仿写句子。

（1）–46 — это отрицательное число, так как –46 меньше нуля.

（2）691 — это положительное число, так как 691 больше нуля.

（3）34 — это положительное число, так как 34 больше нуля.

（4）–1 075 — это отрицательное число, так как –1 075 меньше нуля.

（5）3 602 — это положительное число, так как 3 062 больше нуля.

（6）–58 — это отрицательное число, так как –58 меньше нуля.

（7）4 013 — это положительное число, так как 4 013 больше нуля.

（8）–41 — это отрицательное число, так как –41 меньше нуля.

8. Ответьте на вопросы и объясните почему.

回答问题并解释为什么。

Число 84 (восемьдесят четыре) чётное, потому что последняя цифра в записи числа делится на 2.

Число 48（сорок восемь）чётное, потому что последняя цифра в записи числа делится на 2.

Число 60（шестьдесят）чётное, потому что последняя цифра в записи числа делится на 2.

Число 27（двадцать семь）нечётное, потому что последняя цифра в записи числа не делится на 2.

Число 43（сорок три）нечётное, потому что последняя цифра в записи числа не делится на 2.

Число 32（тридцать два）чётное, потому что последняя цифра в записи числа делится на 2.

Число 37（тридцать семь）нечётное, потому что последняя цифра в записи числа не делится на 2.

Число 340（триста сорок）чётное, потому что последняя цифра в записи числа делится на 2.

Число 189（сто восемьдесят девять）нечётное, потому что последняя цифра в записи числа не делится на 2.

Число 4 792（четыре тысячи семьсот девяносто два）чётное, потому что последняя цифра в записи числа делится на 2.

Число 1 250 704（миллион двести пятьдесят тысяч семьсот четыре）чётное, потому что последняя цифра в записи числа делится на 2.

9. Составьте из цифр 0，1，2，3 все чётные двузначные числа.

请写出所有用 0，1，2，3 组成的两位数的偶数。

10，20，30，12，32

10. Составьте из цифр 4，5，6，7 все нечётные двузначные числа.

请写出所有用 4，5，6，7 组成的两位数的奇数。

45，47，57，65，67，75

11. Напишите предложения по модели.

根据示例仿写句子。

（1）68—это чётное число, так как 68 делится на 2 без остатка.

（2）-4—это чётное число, так как -4 делится на 2 без остатка.

（3）-103—это нечётное число, так как -103 делится на 2 с остатком.

（4）59—это нечётное число, так как 59 делится на 2 с остатком.

（5）3 337—это нечётное число, так как 3 337 делится на 2 с остатком.

（6）902—это чётное число, так как 902 делится на 2 без остатка.

（7）458—это чётное число, так как 458 делится на 2 без остатка.

（8）-4 592—это чётное число, так как -4 592 делится на 2 без остатка.

（9）12 494—это чётное число, так как 12 494 делится на 2 без остатка.

（10）506 722—это чётное число, так как 506 722 делится на 2 без остатка.

（11）13—это нечётное число, так как 13 делится на 2 с остатком.

（12）-30—это чётное число, так как -30 делится на 2 без остатка.

12. Напишите предложения по модели.

根据示例仿写句子。

（1）11—это натуральное, целое, нечётное, положительное число.

（2）-35—это натуральное, целое, нечётное, отрицательное число.

（3）17 и 49—это натуральные, целые, нечётные, положительные числа.

（4）52 и 48—это натуральные, целые, чётные, положительные числа.

（5）1—это натуральное, целое, нечётное, положительное число.

（6）59—это натуральное, целое, нечётное, положительное число.

（7）2 и 68—это натуральные, целые, чётные, положительные числа.

(8)53 и 111—это натуральные, целые, нечётные, положительные числа.

(9)-5 и -11—это натуральные, целые, нечётные, отрицательные числа.

(10)-91 и -19—это натуральные, целые, нечётные, отрицательные числа.

(11)26 и 84—это натуральные, целые, чётные, положительные числа.

(12)121 и 593—это натуральные, целые, нечётные, положительные числа.

Урок 2   Арифметические действия
第 2 课   四则运算

2. Прочитайте по модели.
仿照示例读下列算式。

(1)$2a+3b$, два а плюс три бэ

(2)$12b+6k$, двенадцать бэ плюс шесть ка

(3)$k+p$, ка плюс пэ

(4)$y-x$, игрек минус икс

(5)$30b:q$, тридцать бэ разделить на ку

(6)$a-d$, а минус дэ

(7)$f:d$, эф разделить на дэ

(8)$m+n$, эм плюс эн

(9)$15c \cdot 4a$, пятнадцать цэ умножить на четыре а

(10)$10m+14$, десять эм плюс четырнадцать

(11)$32b \cdot 4$, тридцать два бэ умножить на четыре

(12)$18d:7x$, восемнадцать дэ разделить на семь икс

(13)$6a \cdot 2d$, шесть а умножить на два дэ

(14)$a+b$, а плюс бэ

(15)$23n \cdot 4m$, двадцать три эн умножить на четыре эм

(16)$4b-6k$, четыре бэ минус шесть ка

(17)$x \cdot z$, икс умножить на зэт

(18)$116x:25p$, сто шестнадцать икс разделить на двадцать пять пэ

(19)$m:n$, эм разделить на эн

(20)$8a-13c$, восемь а минус тринадцать цэ

3. Прочитайте по модели.
仿照示例读下列算式。

(1)$90-60$—Это разность чисел девяносто и шестьдесят. Это операция вычитания.

(2)$133:11$—Это частное чисел сто тридцать три и одиннадцать. Это операция деления.

(3)$48 \cdot 2$—Это произведение чисел сорок восемь и два. Это операция умножения.

(4)$22+4$—Это сумма чисел двадцать два и четыре. Это операция сложения.

(5)$74-34$—Это разность чисел семьдесят четыре и тридцать четыре. Это операция вычитания.

(6)$28+12$—Это сумма чисел двадцать восемь и двенадцать. Это операция сложения.

(7)$65 \cdot 4$—Это произведение чисел шестьдесят пять и четыре. Это операция умножения.

(8)$100:2$—Это частное чисел сто и два. Это операция деления.

(9)$125:5$—Это частное чисел сто двадцать пять и пять. Это операция деления.

(10)$15 \cdot 6$—Это произведение чисел пятнадцать и шесть. Это операция умножения.

(11) 84 : 3 — Это частное чисел восемьдесят четыре и три. Это операция деления.

(12) 130 · 5 — Это произведение чисел сто тридцать и пять. Это операция умножения.

(13) 100 + 13 — Это сумма чисел сто и тринадцать. Это операция сложения.

(14) 18 − 8 — Это разность чисел восемнадцать и восемь. Это операция вычитания.

(15) 125 · 5 — Это произведение чисел сто двадцать пять и пять. Это операция умножения.

(16) 78 + 9 — Это сумма чисел семьдесят восемь и девять. Это операция сложения.

(17) 15 · 4 — Это произведение чисел пятнадцать и четыре. Это операция умножения.

(18) 75 + 11 — Это сумма чисел семьдесят пять и одиннадцать. Это операция сложения.

4. Слушайте, читайте, повторяйте и пишите выражения.
听，读，重复并写出表达式。

(1) 6 + 9
(2) 68 − 3
(3) 43 · 8
(4) 24 : 6
(5) 9 + 34
(6) 741 − 357
(7) 85 · 3
(8) 99 : 33
(9) 90 + 124
(10) 892 − 527
(11) 5 · 9
(12) 88 : 44

5. Выполните задание по модели.
按照例句完成任务。

(1) 3 + 7 = ?

—Чему равна сумма?

—Сумма равна десяти.

(2) 67 + 51 = ?

—Чему равна сумма?

—Сумма равна ста восемнадцати.

(3) 63 − 42 = ?

—Чему равна разность?

—Разность равна двадцати одному.

(4) 1 + 1 = ?

—Чему равна сумма?

—Сумма равна двум.

(5) 53 − 31 = ?

—Чему равна разность?

—Разность равна двадцати двум.

(6) 5 · 9 = ?

—Чему равно произведение?

—Произведение равно сорока пяти.

(7) 52 · 3 = ?

—Чему равно произведение?

—Произведение равно ста пятидесяти шести.

(8) 100 · 53 = ?

—Чему равно произведение?

—Произведение равно пяти тысячам трёмстам.

(9) 1 000 : 10 = ?

—Чему равно частное?

—Частное равно ста.

(10) 35 : 7 = ?

—Чему равно частное?

—Частное равно пяти.

(11) 92 − 11 = ?

—Чему равна разность?

—Разность равна восьмидесяти одному.

(12) 42 : 7 = ?

—Чему равно частное?

—Частное равно шести.

(13) 500 : 100 = ?

—Чему равно частное?

—Частное равно пяти.

(14) 69 − 61 = ?

—Чему равна разность?

—Разность равна восьми.

9. Выполните действия в выражении: $9 : (5 + 2 \cdot (8 − 6))$.

完成 $9 : (5 + 2 \cdot (8 − 6))$ 的运算。

Выражение содержит скобки, поэтому сначала выполним действия во внутренних скобках: $8 − 6 = 2$. Переходим ко второму выражению в скобках: внутри других скобок первым выполним умножение, а потом сложение: $5 + 2 \cdot 2 = 9$. И наконец выполняем деление: $9 : 9 = 1$. На этом все действия выполнены.

Ответ: $9 : (5 + 2 \cdot (8 − 6)) = 1$

Урок 3 Неравенство
第3课 不等式

2. Слушайте следующие неравенства и напишите словами.

听并写出下列不等式。

(1) $12a > 6b$ — двенадцать а больше, чем шесть бэ / двенадцать а больше шести бэ

(2) $a > 1$ — а больше, чем один / а больше одного

(3) $14c < d$ — четырнадцать цэ меньше, чем дэ / четырнадцать цэ меньше дэ

(4) $6m > 4n$ — шесть эм больше, чем четыре эн / шесть эм больше четырёх эн

(5) $18y > x$ — восемнадцать игрек больше, чем икс / восемнадцать игрек больше икс

(6) $b < 2$ — бэ меньше, чем два / бэ меньше двух

(7) $42a > b$ — сорок два а больше, чем бэ / сорок два а больше бэ

(8) $y < 2b$ — игрек меньше, чем два бэ / игрек меньше двух бэ

(9) $16x > d$ — шестнадцать икс больше, чем дэ / шестнадцать икс больше дэ

(10) $3x > 2y$ — три икс больше, чем два игрек / три икс больше двух игрек

(11) $18y < d$ — восемнадцать игрек меньше, чем дэ / восемнадцать игрек меньше дэ

(12) $7c > 40$ — семь цэ больше, чем сорок / семь цэ больше сорока

(13) $17a > b$ — семнадцать а больше, чем бэ / семнадцать а больше бэ

(14) $c>0$ —цэ больше, чем ноль / цэ больше нуля

(15) $5y>5a$ —пять игрек больше, чем пять а / пять игрек больше пяти а

(16) $8b<50$ —восемь бэ меньше, чем пятьдесят / восемь бэ меньше пятидесяти

3. Ответьте на вопросы.
请回答下列问题。

(1) Двенадцать больше, чем десять, на два.

(2) Десять меньше, чем пятнадцать, на пять.

(3) Шестьдесят больше, чем сорок, на двадцать.

(4) Двадцать меньше, чем сорок, на двадцать.

(5) Двадцать девять больше, чем девятнадцать, на десять.

(6) Двадцать один меньше, чем тридцать, на девять.

(7) Девятнадцать больше, чем двенадцать, на семь.

(8) Четыре меньше, чем семь, на три.

(9) Тридцать три больше, чем одиннадцать, на двадцать два.

(10) Четырнадцать больше, чем семь, на семь.

4. Ответьте на вопросы.
请回答下列问题。

(1) Четыре больше, чем два, в два раза.

(2) Шесть меньше, чем двадцать четыре, в четыре раза.

(3) Пятьдесят больше, чем пять, в десять раз.

(4) Сорок девять больше, чем семь, в семь раз.

(5) Тридцать шесть больше, чем шесть, в шесть раз.

(6) Девять меньше, чем восемнадцать, в два раза.

(7) Пять меньше, чем пятнадцать, в три раза.

(8) Сто больше, чем двадцать, в пять раз.

(9) Сто двадцать один больше, чем одиннадцать, в одиннадцать раз.

(10) Сорок больше, чем пять, в восемь раз.

Урок 4　Дроби
第4课　分数

3. Выполните задание по модели. Прочитайте дроби. Найдите числители и знаменатели.
请按照示例读出下列分数,并指出分子和分母。

(1) $\frac{4}{5}$ —это дробь, 4—это числитель, 5—это знаменатель.

(2) $\frac{18}{19}$ —это дробь, 18—это числитель, 19—это знаменатель.

(3) $\frac{17}{20}$ —это дробь, 17—это числитель, 20—это знаменатель.

(4) $\frac{35}{76}$ —это дробь, 35—это числитель, 76—это знаменатель.

(5) $\frac{9}{100}$ —это дробь, 9—это числитель, 100—это знаменатель.

(6) $\dfrac{58}{149}$ — это дробь, 58 — это числитель, 149 — это знаменатель.

(7) $\dfrac{97}{200}$ — это дробь, 97 — это числитель, 200 — это знаменатель.

(8) $\dfrac{65}{703}$ — это дробь, 65 — это числитель, 703 — это знаменатель.

(9) $\dfrac{7}{1\,000}$ — это дробь, 7 — это числитель, 1 000 — это знаменатель.

(10) $\dfrac{43}{8\,067}$ — это дробь, 43 — это числитель, 8 067 — это знаменатель.

4. Слушайте и повторяйте дроби.
听并读出下列分数。

(1) $\dfrac{1}{4}$ — одна четвёртая

(2) $\dfrac{21}{14}$ — двадцать одна четырнадцатая

(3) $\dfrac{1}{103}$ — одна сто третья

(4) $\dfrac{1}{6}$ — одна шестая

(5) $\dfrac{31}{20}$ — тридцать одна двадцатая

(6) $\dfrac{61}{7}$ — шестьдесят одна седьмая

(7) $\dfrac{1}{9}$ — одна девятая

(8) $\dfrac{41}{3}$ — сорок одна третья

(9) $\dfrac{1}{40}$ — одна сороковая

(10) $\dfrac{101}{87}$ — сто одна восемьдесят седьмая

5. Прочитайте дроби и напишите словами.
读并写出下列分数。

(1) $\dfrac{1}{3}$ — одна третья

(2) $\dfrac{81}{4}$ — восемьдесят одна четвёртая

(3) $\dfrac{1}{14}$ — одна четырнадцатая

(4) $\dfrac{1}{5}$ — одна пятая

(5) $\dfrac{61}{8}$ — шестьдесят одна восьмая

(6) $\dfrac{91}{11}$ — девяносто одна одиннадцатая

(7) $\dfrac{31}{42}$ — тридцать одна сорок вторая

(8) $\dfrac{41}{2}$ — сорок одна вторая

(9) $\dfrac{71}{13}$ — семьдесят одна тринадцатая

(10) $\dfrac{51}{100}$ — пятьдесят одна сотая

(11) $\dfrac{31}{4}$ — тридцать одна четвёртая

(12) $\dfrac{1}{40}$ — одна сороковая

7. Прочитайте дроби и напишите словами.
读并写出下列分数。

(1) $\dfrac{2}{8}$ — две восьмых

(2) $\dfrac{10}{15}$ — десять пятнадцатых

(3) $\dfrac{9}{53}$ — девять пятьдесят третьих

(4) $\dfrac{6}{11}$ — шесть одиннадцатых

(5) $\dfrac{3}{7}$ — три седьмых

(6) $\dfrac{45}{13}$ — сорок пять тринадцатых

(7) $\dfrac{8}{13}$ — восемь тринадцатых

(8) $\dfrac{5}{23}$ — пять двадцать третьих

(9) $\dfrac{7}{3}$ — семь третьих

(10) $\dfrac{6}{43}$ — шесть сорок третьих

(11) $\dfrac{7}{20}$ — семь двадцатых

(12) $\dfrac{24}{30}$ — двадцать четыре тридцатых

8. Прочитайте и напишите дроби, определите, это правильная или неправильная дробь.
读并写出下列分数，并区分真分数和假分数。

(1) $\dfrac{1}{3}$ — это правильная дробь, потому что числитель дроби меньше знаменателя.

(2) $\dfrac{8}{8}$ — это неправильная дробь, потому что числитель дроби равен знаменателю.

(3) $\dfrac{5}{131}$ — это правильная дробь, потому что числитель дроби меньше знаменателя.

(4) $\dfrac{11}{14}$ — это правильная дробь, потому что числитель дроби меньше знаменателя.

(5) $\frac{26}{5}$ —это неправильная дробь, потому что числитель дроби больше знаменателя.

(6) $\frac{10}{11}$ —это правильная дробь, потому что числитель дроби меньше знаменателя.

(7) $\frac{43}{2}$ —это неправильная дробь, потому что числитель дроби больше знаменателя.

(8) $\frac{16}{9}$ —это неправильная дробь, потому что числитель дроби больше знаменателя.

(9) $\frac{41}{100}$ —это правильная дробь, потому что числитель дроби меньше знаменателя.

(10) $\frac{2}{7}$ —это правильная дробь, потому что числитель дроби меньше знаменателя.

10. Прочитайте дроби и напишите словами.
读并写出下列分数。

(1) $1\frac{21}{22}$ —одна целая двадцать одна двадцать вторая

(2) $81\frac{41}{106}$ —восемьдесят одна целая сорок одна сто шестая

(3) $1\frac{1}{40}$ —одна целая одна сороковая

(4) $1\frac{1}{5}$ —одна целая одна пятая

(5) $21\frac{31}{40}$ —двадцать одна целая тридцать одна сороковая

(6) $71\frac{61}{70}$ —семьдесят одна целая шестьдесят одна семидесятая

(7) $51\frac{1}{8}$ —пятьдесят одна целая одна восьмая

(8) $61\frac{91}{101}$ —шестьдесят одна целая девяносто одна сто первая

(9) $1\frac{1}{15}$ —одна целая одна пятнадцатая

(10) $41\frac{31}{98}$ —сорок одна целая тридцать одна девяносто восьмая

12. Прочитайте дроби и напишите словами.
读并写出下列分数。

(1) $4\frac{1}{3}$ —четыре целых одна третья

(2) $72\frac{62}{60}$ —семьдесят две целых шестьдесят две шестидесятых

(3) $11\frac{2}{5}$ —одиннадцать целых две пятых

(4) $3\frac{1}{4}$ —три целых одна четвёртая

(5) $9\frac{1}{13}$ —девять целых одна тринадцатая

(6) $8\frac{2}{5}$ —восемь целых две пятых

（7）$10\frac{2}{7}$——десять целых две седьмых

（8）$703\frac{15}{90}$——семьсот три целых пятнадцать девяностых

（9）$7\frac{1}{3}$——семь целых одна третья

（10）$34\frac{9}{27}$——тридцать четыре целых девять двадцать седьмых

14. Выполните задание по модели.

按示例完成习题。

（1）$\frac{2}{9}$ Две девятых——это правильная дробь, так как числитель меньше, чем знаменатель.

（2）$\frac{8}{3}$ Восемь третьих——это неправильная дробь, так как числитель больше, чем знаменатель.

（3）$4\frac{1}{12}$ Четыре целых одна двенадцатая——это смешанная дробь, так как дробь имеет целую и дробную части.

（4）$\frac{1}{13}$ Одна тринадцатая——это правильная дробь, так как числитель меньше, чем знаменатель.

（5）$7\frac{3}{9}$ Семь целых три девятых——это смешанная дробь, так как дробь имеет целую и дробную части.

（6）$\frac{8}{17}$ Восемь семнадцатых——это правильная дробь, так как числитель меньше, чем знаменатель.

（7）$\frac{31}{58}$ Тридцать одна пятьдесят восьмая——это правильная дробь, так как числитель меньше, чем знаменатель.

（8）$1\frac{6}{17}$ Одна целая шесть семнадцатых——это смешанная дробь, так как дробь имеет целую и дробную части.

（9）$\frac{89}{5}$ Восемьдесят девять пятых——это неправильная дробь, так как числитель больше, чем знаменатель.

（10）$\frac{127}{3}$ Сто двадцать семь третьих——это неправильная дробь, так как числитель больше, чем знаменатель.

17. Прочитайте и напишите десятичные дроби словами.

读并写出下列小数。

（1）1,6——одна целая шесть десятых

（2）2,04——две целых четыре сотых

（3）4,003——четыре целых три тысячных

（4）0,7——ноль целых семь десятых

（5）6,05——шесть целых пять сотых

（6）8,042——восемь целых сорок две тысячных

（7）5,3——пять целых три десятых

（8）9,14——девять целых четырнадцать сотых

(9)17,385—семнадцать целых триста восемьдесят пять тысячных

(10)8,1—восемь целых одна десятая

(11)6,37—шесть целых тридцать семь сотых

(12)683,396—шестьсот восемьдесят три целых триста девяносто шесть тысячных

(13)11,3—одиннадцать целых три десятых

(14)15,95—пятнадцать целых девяносто пять сотых

(15)45,019—сорок пять целых девятнадцать тысячных

18. Напишите десятичные дроби цифрами.

写出下列小数。

(1)1,12;

(2)0,632;

(3)5,000 4;

(4)2,502 3;

(5)3,18;

(6)1,6;

(7)22,49;

(8)0,597;

(9)3,85;

(10)2,700 3.

19. Выполните задания по модели. Прочитайте дроби. Определите, какие это дроби и объясните почему.

根据示例完成习题，读下列分数，判断分数类型并说明原因。

(1) $\frac{10}{20}$—десять двадцатых—это сократимая дробь, так как её можно сократить на 10.

(2) $\frac{4}{7}$—четыре седьмых—это несократимая дробь, так как её нельзя сократить.

(3) $\frac{17}{19}$—семнадцать девятнадцатых—это несократимая дробь, так как её нельзя сократить.

(4) $\frac{1}{2}$—одна вторая—это несократимая дробь, так как её нельзя сократить.

(5) $\frac{25}{1\,000}$—двадцать пять тысячных—это сократимая дробь, так как её можно сократить на 25.

(6) $\frac{61}{62}$—шестьдесят одна шестьдесят вторая—это несократимая дробь, так как её нельзя сократить.

(7) $\frac{72}{63}$—семьдесят две шестьдесят третьих—это сократимая дробь, так как её можно сократить на 9.

(8) $\frac{13}{39}$—тринадцать тридцать девятых—это сократимая дробь, так как её можно сократить на 13.

(9) $\frac{201}{102}$—двести одна сто вторая—это сократимая дробь, так как её можно сократить на 3.

(10) $\frac{8}{200}$—восемь двухсотых—это сократимая дробь, так как её можно сократить на 8.

20. Выполните задание по модели.

根据示例完成习题。

(1) $\frac{5}{10}$—Чтобы сократить дробь $\frac{5}{10}$, нужно числитель и знаменатель разделить на 5.

$\frac{5}{10} = \frac{1}{2}$ (дробь $\frac{5}{10}$ равна дроби $\frac{1}{2}$)

(2) $\frac{4}{16}$—Чтобы сократить дробь $\frac{4}{16}$, нужно числитель и знаменатель разделить на 4.

$\dfrac{4}{16} = \dfrac{1}{4}$ (дробь $\dfrac{4}{16}$ равна дроби $\dfrac{1}{4}$)

(3) $\dfrac{6}{15}$ — Чтобы сократить дробь $\dfrac{6}{15}$, нужно числитель и знаменатель разделить на 3.

$\dfrac{6}{15} = \dfrac{2}{5}$ (дробь $\dfrac{6}{15}$ равна дроби $\dfrac{2}{5}$)

(4) $\dfrac{2}{4}$ — Чтобы сократить дробь $\dfrac{2}{4}$, нужно числитель и знаменатель разделить на 2.

$\dfrac{2}{4} = \dfrac{1}{2}$ (дробь $\dfrac{2}{4}$ равна дроби $\dfrac{1}{2}$)

(5) $\dfrac{14}{21}$ — Чтобы сократить дробь $\dfrac{14}{21}$, нужно числитель и знаменатель разделить на 7.

$\dfrac{14}{21} = \dfrac{2}{3}$ (дробь $\dfrac{14}{21}$ равна дроби $\dfrac{2}{3}$)

(6) $\dfrac{12}{18}$ — Чтобы сократить дробь $\dfrac{12}{18}$, нужно числитель и знаменатель разделить на 6.

$\dfrac{12}{18} = \dfrac{2}{3}$ (дробь $\dfrac{12}{18}$ равна дроби $\dfrac{2}{3}$)

(7) $\dfrac{3}{6}$ — Чтобы сократить дробь $\dfrac{3}{6}$, нужно числитель и знаменатель разделить на 3.

$\dfrac{3}{6} = \dfrac{1}{2}$ (дробь $\dfrac{3}{6}$ равна дроби $\dfrac{1}{2}$)

(8) $\dfrac{8}{20}$ — Чтобы сократить дробь $\dfrac{8}{20}$, нужно числитель и знаменатель разделить на 4.

$\dfrac{8}{20} = \dfrac{2}{5}$ (дробь $\dfrac{8}{20}$ равна дроби $\dfrac{2}{5}$)

(9) $\dfrac{9}{15}$ — Чтобы сократить дробь $\dfrac{9}{15}$, нужно числитель и знаменатель разделить на 3.

$\dfrac{9}{15} = \dfrac{3}{5}$ (дробь $\dfrac{9}{15}$ равна дроби $\dfrac{3}{5}$)

(10) $\dfrac{7}{49}$ — Чтобы сократить дробь $\dfrac{7}{49}$, нужно числитель и знаменатель разделить на 7.

$\dfrac{7}{49} = \dfrac{1}{7}$ (дробь $\dfrac{7}{49}$ равна дроби $\dfrac{1}{7}$)

Урок 5　Возведение в степень
第5课　乘方

4. Прочитайте и напишите словами.

读并写出俄语表达。

(1) a^2 — а в степени два / а во второй степени / а в квадрате / а квадрат

(2) a^3 — а в степени три / а в третьей степени / а в кубе / а куб

(3) a^4 — а в степени четыре / а в четвёртой степени

(4) a^5 — а в степени пять / а в пятой степени

(5) a^6 — а в степени шесть / а в шестой степени

(6) a^7 — а в степени семь / а в седьмой степени

(7) a^8 — а в степени восемь / а в восьмой степени

(8) b^2 — бэ в степени два / бэ во второй степени / бэ в квадрате / бэ квадрат

Ключи / 参考答案

(9) b^3——бэ в степени три / бэ в третьей степени /бэ в кубе / бэ куб

(10) b^4——бэ в степени четыре / бэ в четвёртой степени

(11) b^5——бэ в степени пять / бэ в пятой степени

(12) c^n——цэ в степени эн

(13) a^{-2}——а в степени минус два / а в минус второй степени

(14) a^{-3}——а в степени минус три / а в минус третьей степени

(15) a^{n+14}——а в степени эн плюс четырнадцать

(16) z^{x-y}——зэт в степени икс минус игрек

(17) y^{n-2}——игрек в степени эн минус два

(18) x^{n-2}——икс в степени эн минус два

6. Прочитайте и запишите числа цифрами.

读并写出表达式。

(1) y^3；

(2) 20^{-5}；

(3) 13^2；

(4) $d^{\frac{8}{9}}$；

(5) a^0；

(6) 36^2；

(7) 7^{49}；

(8) x^{-34}；

(9) z^3；

(10) $\left(\dfrac{5}{6}\right)^{-7}$.

8. Прочитайте и напишите словами.

读并写出俄语表达。

(1) a^n——а в степени эн

(2) b^{n+7}——бэ в степени эн плюс семь

(3) a^2——а в степени два / а во второй степени /а в квадрате / а квадрат

(4) $(a+b)^3$——куб суммы чисел а и бэ

(5) $m^2 n$——эм квадрат эн

(6) xy^2——икс игрек квадрат

(7) y^{n+1}——игрек в степени эн плюс один

(8) b^{-2}——бэ в степени минус два / бэ в минус второй степени

(9) $2m^2$——два эм в степени два / два эм во второй степени / два эм в квадрате / два эм квадрат

(10) $y^2 n^{-1}$——игрек в квадрате эн в степени минус один

(11) $a^2 + b^2$——сумма квадратов чисел а и бэ

(12) 4^3——четыре в степени три / четыре в третьей степени / четыре в кубе / четыре куб

(13) 2^6——два в шестой степени / два в степени шесть

(14) $x^m + y^n$——сумма чисел икс в степени эм и игрек в степени эн

(15) $(a-b)^2$——квадрат разности чисел а и бэ

Урок 6 Извлечение корня
第6课 方根

2. Назовите подкоренное число и показатель корня.

请仿照示例说出被开方数和指数。

(1) $\sqrt{4}$——Квадратный корень из четырёх. Число 4—это подкоренное число, 2—это показатель корня.

（2）$\sqrt[3]{6}$——Кубический корень из шести. Число 6——это подкоренное число，3——это показатель корня.

（3）$\sqrt[n]{9}$——Корень степени эн из девяти. Число 9——это подкоренное число，n——это показатель корня.

（4）$\sqrt{5}$——Квадратный корень из пяти. Число 5——это подкоренное число，2——это показатель корня.

（5）$\sqrt[5]{15}$——Корень пятой степени из пятнадцати. Число 15——это подкоренное число，5——это показатель корня.

（6）$\sqrt[n+1]{17x}$——Корень из числа степени эн плюс один из семнадцати икс. Число $17x$——это подкоренное число，$n+1$——это показатель корня.

（7）$\sqrt{a+b}$——Квадратный корень из числа а плюс бэ. Число $a+b$——это подкоренное число，2——это показатель корня.

（8）$\sqrt[10]{m+1}$——Корень десятой степени из числа эм плюс один. Число $m+1$——это подкоренное число，10——это показатель корня.

（9）$\sqrt[6]{z+y}$——Корень шестой степени из числа зэт плюс игрек. Число $z+y$——это подкоренное число，6——это показатель корня.

（10）$\sqrt[3]{a-b}$——Кубический корень из разности чисел а и бэ. Число $a-b$——это подкоренное число，3——это показатель корня.

（11）$\sqrt{20y}$——Квадратный корень из двадцати игрек. Число $20y$——это подкоренное число，2——это показатель корня.

（12）$\sqrt[m-1]{18}$——Корень степени эм минус один из восемнадцати. Число 18——это подкоренное число，$m-1$——это показатель корня.

（13）$\sqrt[4]{17a}$——Корень четвёртой степени из семнадцати а. Число $17a$——это подкоренное число，4——это показатель корня.

（14）$\sqrt{16b}$——Квадратный корень из шестнадцати бэ. Число $16b$——это подкоренное число，2——это показатель корня.

3. Прочитайте и запишите выражения цифрами и знаками.

读下列表达并用数字和符号写出表达式。

（1）$\sqrt{32}$；

（2）$\sqrt[3]{8}$；

（3）$\sqrt[4]{81}$；

（4）$\sqrt[\frac{2}{6}]{d}$；

（5）$\sqrt[3]{64}$；

（6）$\sqrt{25}$；

（7）$\sqrt[7]{128}$；

（8）$\sqrt[a+b]{c}$；

（9）$\sqrt[6]{729}$；

（10）$\sqrt[3]{125}$.

4. Прочитайте равенство. Определите падежи слов, входящих в данную конструкцию.

读下列等式并判断等式包含的单词的格。

（1）$\sqrt[5]{32} = 2$——Корень пятой степени（Р. п.）из тридцати двух（Р. п.）равен двум（Д. п.）.

（2）$\sqrt{9} = 3$——Квадратный корень（И. п.）из девяти（Р. п.）равен трём（Д. п.）.

（3）$\sqrt[8]{256} = 2$——Корень восьмой степени（Р. п.）из двухсот пятидесяти шести（Р. п.）равен двум（Д. п.）.

（4）$\sqrt[4]{4\,096} = 8$——Корень четвёртой степени（Р. п.）из четырёх тысяч девяноста шести（Р. п.）равен восьми（Д. п.）.

（5）$\sqrt{36} = 6$——Квадратный корень（И. п.）из тридцати шести（Р. п.）равен шести（Д. п.）.

（6）$\sqrt[4]{2\,401}$ = 7—Корень четвёртой степени（Р. п.）из двух тысяч четырёхсот одного（Р. п.）равен семи（Д. п.）.

（7）$\sqrt[3]{3\,375}$ = 15—Кубический корень（И. п.）из трёх тысяч трёхсот семидесяти пяти（Р. п.）равен пятнадцати（Д. п.）.

（8）$\sqrt{100}$ = 10—Квадратный корень（И. п.）из ста（Р. п.）равен десяти（Д. п.）.

（9）$\sqrt[4]{256}$ = 4—Корень четвёртой степени（Р. п.）из двухсот пятидесяти шести（Р. п.）равен четырём（Д. п.）.

（10）$\sqrt{400}$ = 20—Квадратный корень（И. п.）из четырёхсот（Р. п.）равен двадцати（Д. п.）.

Раздел 2　Язык информатики
第 2 章　计算机篇

Урок 1　Устройства компьютера
第 1 课　计算机设备

2. Прочитайте названия и найдите соответствующие картинки.
读下列名称并找出相对应的图片。
（1）Г　（2）И　（3）Н　（4）О　（5）Е　（6）Р　（7）П　（8）А　（9）З　（10）Д　（11）Ж　（12）К　（13）В　（14）Л　（15）М　（16）Б

3. Закончите предложения.
续写句子。
　　Устройства ввода информации—это клавиатура, мышь, сканер, микрофон.
　　Устройства вывода информации—это монитор, принтер, динамики, наушники.
　　Устройства хранения информации—это флешка, жёсткий диск, компакт-диск.

4. Отгадайте загадки. Запишите ответы.
猜谜语并写出答案。
　　компьютер, мышь, клавиатура, принтер, Интернет, планшет, флешка

6. Составьте предложения по модели.
仿照示例完成句子。
（1）Монитор—это устройство вывода информации. Это устройство используют для вывода информации. Это устройство служит для вывода информации.

（2）Наушники—это устройство вывода информации. Это устройство используют для вывода информации. Это устройство служит для вывода информации.

（3）Сканер—это устройство ввода информации. Это устройство используют для ввода информации. Это устройство служит для ввода информации.

（4）Мышь—это устройство ввода информации. Это устройство используют для ввода информации. Это устройство служит для ввода информации.

（5）Флешка—это устройство хранения информации. Это устройство используют для хранения информации. Это устройство служит для хранения информации.

（6）Принтер—это устройство вывода информации. Это устройство используют для вывода информации. Это устройство служит для вывода информации.

(7) Жёсткий диск—это устройство хранения информации. Это устройство используют для хранения информации. Это устройство служит для хранения информации.

(8) Микрофон—это устройство ввода информации. Это устройство используют для ввода информации. Это устройство служит для ввода информации.

7. Поставьте вместо пропуска соответствующие слова (ввод / вывод).

用(ввод / вывод)的适当形式填空。

(1) Колонки—это устройство, которое служит для вывода информации.

(2) Клавиатура—это устройство, которое служит для ввода информации.

(3) Микрофон—это устройство, которое служит для ввода информации.

(4) Сканер—это устройство, которое служит для ввода информации.

(5) Принтер—это устройство, которое служит для вывода информации.

(6) Наушники—это устройство, которое служит для вывода информации.

(7) Монитор—это устройство, которое служит для вывода информации.

(8) Мышь—это устройство, которое служит для ввода информации.

8. Прочитайте текст и определите выражения по модели.

读课文并按照示例判断以下说法是否正确。

(1) —Нет, это неверно. Клавиатура—это внешнее устройство. Оно используется для ввода информации.

(2) —Нет, это неверно. Монитор—это внешнее устройство. Оно используется для вывода информации.

(3) —Нет, это неверно. Принтер—это внешнее устройство. Оно используется для вывода информации.

(4) —Да, это верно. Наушники—это дополнительное устройство. Оно используется для вывода информации.

(5) —Да, это верно. Флешка—это устройство хранения информации. Оно используется для хранения информации.

(6) —Да, это верно. Жёсткий диск—это устройство хранения информации. Оно используется для хранения информации.

10. Поставьте вместо пропуска соответствующие слова (звуковой / графический / текстовый / числовой/ комбинированный).

用下列形容词(звуковой / графический / текстовый / числовой/ комбинированный)的适当形式填空。

(1) звуковой (6) графической (11) текстовой
(2) числовой (7) звуковой   (12) графической
(3) звуковой (8) графической (13) комбинированной
(4) графической (9) графической (14) числовой
(5) графической (10) графической (15) комбинированной

Урок 2　Операционная система
第 2 课　操作系统

2. Составьте все возможные словосочетания.
用左右两列词语组成尽量多的词组。

обработка данных, обработка информации,

ввод данных, ввод информации,

обеспечение взаимодействия,

запуск программы,

сохранение данных, сохранение информации,

включение компьютера,

обрабатывать данные, обрабатывать информацию,

вводить данные, вводить информацию,

обеспечивать взаимодействие,

запускать программу,

сохранять данные, сохранять информацию,

включать компьютер.

3. Определите, верно или неверно выражение. Если неверно, объясните почему.
判断以下说法是否正确，并说明原因。

（1）—Нет, это неверно, потому что информация, которую обрабатывает и сохраняет компьютер—это данные.

（2）—Да, это верно.

（3）—Нет, это неверно, потому что, когда мы включаем компьютер, начинают работать служебные программы, которые потом запускают операционную систему.

（4）—Да, это верно.

（5）—Да, это верно.

4. По модели проанализируйте словосочетания, которые входят в сложное название. Прочитайте их.
仿照示例，分析下列句子的构成。读一读。

（1）Обработка → обработка всех текстов → автоматическая обработка всех текстов → программа для автоматической обработки всех текстов → многофункциональная программа для автоматической обработки всех текстов.

（2）Создание → создание чертежей → создание сложных чертежей → программа для создания сложных чертежей → современная программа для создания сложных чертежей.

（3）Хранение → хранение информации → хранение любой информации → облачное хранение любой информации → программа для облачного хранения любой информации → удобная программа для облачного хранения любой информации.

（4）Обработка → обработка изображений → обработка разных изображений → качественная обработка разных изображений → программа для качественной обработки разных изображений → специальная программа для качественной обработки разных изображений.

Урок 3 Интернет
第3课 互联网

3. Подберите к глаголам однокоренные существительные.
写出下列动词的名词形式。

（1）ответить—ответ

（2）общаться—общение

（3）передать—передача

（4）заработать—заработок

（5）создать—создание

（6）развлечься—развлечение

（7）просмотреть（смотреть）—просмотр

4. Объясните, с какой целью мы выполняем указанные действия в Интернете. Найдите соответствия.
找出以下网络行为的目的。
（1）А （2）Б （3）В （4）В （5）Г （6）Г （7）Г （8）Д （9）Е （10）Е

8. Используя информацию последнего абзаца, составьте инфографику "Минута в Интернете".
根据文章最后一段内容完成下表。

Минута в Интернете

Ресурсы интернета	Количество
электронные письма	156 000 000
сообщения	29 000 000
песни в музыкальных сервисах	1 500 000
запросы в поисковике	4 000 000
звонки по видеосвязи	2 000 000 минут
твиты	350 000
фотографии	243 000
видео	87 000 часов
изображения	65 000

Урок 4 Онлайн обучение
第4课 线上教学

7. Постройте диалоги, используя глаголы в форме императива.
按照示例用下列动词的命令式编对话。

Включите звук! —Я включу звук.

Отключите микрофон! —Я отключу микрофон.

Откройте экран! —Я открою экран.

Закройте чат! —Я закрою чат.

Пишите сообщение в чат! —Я пишу сообщение в чат.

Ответьте на вопрос в чате! —Я отвечу на вопрос в чате.

Говорите в микрофон! —Я говорю в микрофон.

Поднимите руку! —Я подниму руку.

14. Заполните таблицу "Один день в WeChat".

完成"微信的一天"数据统计表。

Действия пользователей ежедневно	Количество пользователей
пользовались WeChat	1 090 000 000
использовали видеозвонки	330 000 000
просматривали "Моменты"	780 000 000
делились информацией в "Моментах"	120 000 000
читали статьи в разных пабликах	360 000 000
обращались через WeChat к приложениям онлайн-сервисов	400 000 000

Раздел 3　Язык физики
第3章　物理篇

Урок 1　Физические величины и единицы измерения
第1课　物理量及其测量

3. Выполните задание по модели.

仿照示例完成习题。

(1) Буква L обозначает длину. Длина—это физическая величина. Метр—это единица измерения длины.

(2) Буква T обозначает температуру. Температура—это физическая величина. Градус—это единица измерения температуры.

(3) Буква ρ обозначает плотность. Плотность—это физическая величина. Килограмм на метр кубический—единица измерения плотности.

(4) Буква V обозначает объём. Объём—это физическая величина. Метр кубический—это единица измерения объёма.

(5) Буква S обозначает площадь. Площадь—это физическая величина. Метр квадратный—это единица измерения площади.

(6) Буква E обозначает энергию. Энергия—это физическая величина. Джоуль—это единица измерения энергии.

(7) Буква N обозначает мощность. Мощность—это физическая величина. Ватт—это единица измерения мощности.

(8) Буква υ обозначает скорость. Скорость—это физическая величина. Метр в секунду—это единица измерения скорости.

(9) Буква S обозначает путь. Путь—это физическая величина. Метр—это единица измерения пути.

（10）Буква t обозначает время. Время—это физическая величина. Секунда—это единица измерения времени.

（11）Буква a обозначает ускорение. Ускорение—это физическая величина. Метр на секунду в квадрате—это единица измерения ускорения.

（12）Буква F обозначает силу. Сила—это физическая величина. Ньютон—это единица измерения силы.

（13）Буква I обозначает силу тока. Сила тока—это физическая величина. Ампер—это единица измерения силы тока.

5. Выполните задание по модели.

仿照示例完成习题。

Метр—это единица измерения длины.

Ньютон—это единица измерения силы.

Килограмм—это единица измерения массы.

Сантиметр—это единица измерения длины.

Секунда—это единица измерения времени.

Час—это единица измерения времени.

Градус—это единица измерения температуры.

Грамм—это единица измерения массы.

Джоуль—это единица измерения энергии.

Километр—это единица измерения длины.

Ватт—это единица измерения мощности.

Метр в секунду—это единица измерения скорости.

Километр в час—это единица измерения скорости.

Ампер—это единица измерения силы тока.

Метр на секунду в квадрате—это единица измерения ускорения.

Метр в квадрате—это единица измерения площади.

Метр в кубе—это единица измерения объёма.

Грамм на метр в кубе—это единица измерения плотности.

6. Выполните задание по модели.

仿照示例完成习题。

（1）E　Энергия—это физическая величина, которая измеряется в Джоулях.

（2）N　Мощность—это физическая величина, которая измеряется в Ваттах.

（3）l　Длина—это физическая величина, которая измеряется в метрах.

（4）T　Температура—это физическая величина, которая измеряется в градусах.

（5）v　Скорость—это физическая величина, которая измеряется в метрах в секунду.

（6）ρ　Плотность—это физическая величина, которая измеряется в килограммах на метр кубический.

（7）S　Путь—это физическая величина, которая измеряется в метрах.

（8）V　Объём—это физическая величина, которая измеряется в метрах кубических.

（9）t　Время—это физическая величина, которая измеряется в секундах.

（10）a　Ускорение—это физическая величина, которая измеряется в метрах на секунду в квадрате.

（11）h　Высота—это физическая величина, которая измеряется в метрах.

（12）F　Сила—это физическая величина, которая измеряется в Ньютонах.

8. Прочитайте физические величины и напишите словами.
读并写出下列物理量的俄语表达。

(1) 1 кг——один килограмм

(2) 5 с——пять секунд

(3) 18 Дж——восемнадцать Джоулей

(4) 12 м/с——двенадцать метров в секунду

(5) 5 мин——пять минут

(6) 20 м³——двадцать метров квадратных (в квадрате)

(7) 22 ℃——двадцать два градуса

(8) 9 м/с——девять метров в секунду

(9) 16 км——шестнадцать километров

(10) 30 м²——тридцать метров квадратных (в квадрате)

(11) 4 Н——четыре Ньютона

(12) 60 км/ч——шестьдесят километров в час

(13) 10 г/м³——десять граммов на метр квадратный (в квадрате)

(14) 7 м/с²——семь метров на секунду в квадрате

(15) 2 г——два грамма

(16) 120 Вт——сто двадцать Ватт

(17) 17 км/ч——семнадцать километров в час

(18) 13 г/м³——тринадцать граммов на метр кубический (в кубе)

10. Используя названия физических величин и приборов, составьте предложения по модели.
按照示例表述使用哪些仪器可以测量哪些物理量。

Длину можно измерить при помощи рулетки.

Длину измеряют рулеткой в метрах.

Силу тока можно измерить при помощи амперметра.

Силу тока измеряют амперметром в амперах.

Время можно измерить при помощи секундомера.

Время измеряют секундомером в секундах.

Напряжение можно измерить при помощи вольтметра.

Напряжение измеряют вольтметром в вольтах.

Скорость можно измерить при помощи спидометра.

Скорость измеряют спидометром в метрах в секунду.

11. Составьте микротексты о физических величинах по модели.
仿照示例写出下列物理量的小短文。

Масса——это физическая величина. Масса обозначается буквой m. Масса измеряется в граммах. Массу можно измерить весами.

Длина——это физическая величина. Длина обозначается буквой l. Длина измеряется в метрах. Длину можно измерить рулеткой.

Скорость——это физическая величина. Скорость обозначается буквой v. Скорость измеряется в метрах в секунду. Скорость можно измерить спидометром.

Урок 2　Научные методы изучения природы
第2课　研究自然的科学方法

2. Допишите предложения на основе содержания текста.

根据课文内容将句子补充完整。

（1）Падение тел—это одно из распространённых явлений природы.

（2）Когда Аристотель наблюдал падение тел, он сделал вывод, что тяжёлые тела, падают на Землю быстрее, чем лёгкие, т. е. что тела с разной массой падают на Землю с разной скоростью.

（3）Галилей предположил, что Аристотель сделал неверный вывод.

（4）С помощью опытов Галилей установил, что скорость падения тел с одной и той же（одинаковой）высоты не зависит от их массы.

（5）Галилей наблюдал падение тел с одинаковой массой, но разной площадью поверхности и увидел что тела падают с разной скоростью.

（6）Галилей предположил, что причиной этого является сопротивление воздуха.

（7）Галилей не мог проверить свою гипотезу, потому что в то время ещё не знали, как устранить сопротивление.

（8）Ньютон проверил гипотезу Галилея с помощью воздушного насоса и трубки из стекла и установил, что в вакууме тела падают с одинаковой скоростью.

3. Поставьте глаголы в текст в нужной форме.

插入正确形式的动词。

Учёный провёл эксперимент. Для этого он взял трубку из стекла. Он использовал воздушный насос, чтобы устранить воздух из трубки. Он создал вакуум. Учёный наблюдал за предметами с разной массой. Учёный установил, что они падают с одинаковой скоростью. Он доказал, что в вакууме тела с разной массой имеют одинаковую скорость.

4. Составьте все возможные словосочетания.

用左右两列词语组成尽量多的词组。

использовать прибор

доказать гипотезу

провести эксперимент, провести вычисления

выдвинуть гипотезу

объяснить явление, объяснить связь, объяснить причину

проверить гипотезу

установить связь, установить причину

5. Прочитайте и переведите текст.

读并翻译短文。

$F = \gamma \dfrac{m_1 m_2}{r^2}$ 是牛顿万有引力定律（万有引力定律）的公式。定律指出，所有的物体相互吸引。物体之间相互吸引的力被称为引力。F 表示引力。牛顿用假设法发现了万有引力定律。

6. Составьте словосочетания по модели.

仿照示例使用下列单词组成词组。

наблюдение за жизнью（Т. п.）, наблюдение за человеком（Т. п.）

сила притяжения（Р. п.）

скорость падения (Р. п.)

метод гипотезы (Р. п.)

природа явления (Р. п.)

Урок 3　Механика
第3课　力学

2. Составьте предложения по моделям из слов и словосочетаний таблицы.

仿照示例，用表格中的词和词组造句。

（1）Астрофизика—раздел, который изучает (изучающий) эволюцию звёзд.

Астрофизика—раздел, который рассматривает (рассматривающий) эволюцию звёзд.

Астрофизика изучает эволюцию звёзд.

Астрофизика рассматривает эволюцию звёзд.

（2）Квантовая механика—раздел, который изучает (изучающий) физические явления на уровне мелких частиц.

Квантовая механика—раздел, который рассматривает (рассматривающий) физические явления на уровне мелких частиц.

Квантовая механика изучает физические явления на уровне мелких частиц.

Квантовая механика рассматривает физические явления на уровне мелких частиц.

（3）Космология—раздел, который изучает (изучающий) формирование Вселенной.

Космология—раздел, который рассматривает (рассматривающий) формирование Вселенной.

Космология изучает формирование Вселенной.

Космология рассматривает формирование Вселенной.

（4）Механика—раздел, который изучает (изучающий) законы движения тел.

Механика—раздел, который рассматривает (рассматривающий) законы движения тел.

Механика изучает законы движения тел.

Механика рассматривает законы движения тел.

（5）Оптика—раздел, который изучает (изучающий) природу света и электромагнитных волн.

Оптика—раздел, который рассматривает (рассматривающий) природу света и электромагнитных волн.

Оптика изучает природу света и электромагнитных волн.

Оптика рассматривает природу света и электромагнитных волн.

（6）Теория относительности—раздел, который изучает (изучающий) взаимодействие движущейся массы с пространством и временем.

Теория относительности—раздел, который рассматривает (рассматривающий) взаимодействие движущейся массы с пространством и временем.

Теория относительности изучает взаимодействие движущейся массы с пространством и временем.

Теория относительности рассматривает взаимодействие движущейся массы с пространством и временем.

（7）Термодинамика—раздел, который изучает (изучающий) тепловые состояния макросистем.

Термодинамика—раздел, который рассматривает (рассматривающий) тепловые состояния макросистем.

Термодинамика изучает тепловые состояния макросистем.

Термодинамика рассматривает тепловые состояния макросистем.

(8) Физика элементарных частиц—раздел, который изучает (изучающий) поведение фундаментальных частиц.

Физика элементарных частиц—раздел, который рассматривает (рассматривающий) поведение фундаментальных частиц.

Физика элементарных частиц изучает поведение фундаментальных частиц.

Физика элементарных частиц рассматривает поведение фундаментальных частиц.

(9) Электромагнетизм—раздел, который изучает (изучающий) электрические и магнитные явления.

Электромагнетизм—раздел, который рассматривает (рассматривающий) электрические и магнитные явления.

Электромагнетизм изучает электрические и магнитные явления.

Электромагнетизм рассматривает электрические и магнитные явления.

(10) Ядерная физика—раздел, который изучает (изучающий) структуру и поведение атома.

Ядерная физика—раздел, который рассматривает (рассматривающий) структуру и поведение атома.

Ядерная физика изучает структуру и поведение атома.

Ядерная физика рассматривает структуру и поведение атома.

6. Найдите в тексте существительные, образованные от глаголов. Запишите их вместе со словами, с которыми они употребляются.
在课文中找出下列动词的名词形式，并写出含有该名词的词组。

(1) двигать—движение тел (Р. п.).

(2) взаимодействовать—взаимодействие между ними (Т. п.).

(3) положить—положение в пространстве (П. п.).

(4) изменить—изменение положения (Р. п.).

(5) определить—определение положения (Р. п.).

(6) изучить—изучение движения (Р. п.).

8. Постройте предложения по моделям.
按照示例造句。

(1) Движение криволинейное. Тело движется криволинейно.

(2) Движение равноускоренное. Тело движется равноускоренно.

(3) Движение равномерное. Тело движется равномерно.

11. Прочитайте описание. По описанию нарисуйте схемы движения.
读一读下列描述，根据表述画图。

Это горизонтальная линия. Тело движется в горизонтальном направлении. Тело движется горизонтально (как?).	▬▬▬▬▬▬▬▬

Это вертикальная линия. Тело движется в вертикальном направлении. Тело движется вертикально (как?).	▮
Тело движется вертикально вниз (куда?).	↓
Тело движется вертикально вверх (куда?).	↑
Тела движутся в одном направлении = тела имеют одинаковое направление движения.	→ →
Тела движутся навстречу друг другу.	→ ←
Тело движется вверх по наклонной плоскости.	↗
Тело движется вниз по наклонной плоскости.	↘
Тело падает. Траектория движения—прямая линия.	↓

Урок 4　Законы Ньютона
第 4 课　牛顿定律

5. **Найдите в тексте глаголы, от которых можно образовать существительные. Запишите их вместе со словами, с которыми они употребляются.**

在课文中找出下列名词的动词形式,并写出含有该动词的词组。

　　(1) притяжение—притягиваться друг к другу (И. п. и Д. п.).

　　(2) определение—определить силу (В. п.).

　　(3) умножение—умножить на десять (В. п.).

　　(4) соединение—соединять центры масс (В. п.).

（5）название—называться центральными（Т. п.）.

（6）создание—создаваться вокруг тела（Р. п.）.

Урок 5　Оптика
第5课　光学

2. Составьте предложения из слов и словосочетаний текста.

用课文中的单词和词组完成下列句子。

（1）Оптика—это раздел физики, в котором изучаются закономерности световых явлений, природа свет и взаимодействие с веществом.

（2）Силовой луч—это линия, вдоль которой распространяется свет.

（3）Источник света—это тело, которое излучает свет.

（4）Тепловые источники света—это источники, в которых излучение света происходит в результате нагревания тела до высокой температуры.

（5）Люминесцентные источники света—это тела, излучающие свет при облучении их светом, рентгеновскими лучами, радиоактивным излучением.

3. Найдите в тексте существительные, образованные от глаголов. Запишите их вместе со словами, с которыми они употребляются.

在课文中找出下列动词的名词形式, 并写出含有该名词的词组。

（1）взаимодействовать—взаимодействие с веществом（Т. п.）.

（2）пересекать—пересечение лучей（Р. п.）.

（3）излучать—излучение света（Р. п.）.

（4）поглощать—поглощение света（Р. п.）.

（5）распространять—распространение света（Р. п.）.

（6）нагревать—нагревание тела（Р. п.）.

（7）облучать—облучение тела（Р. п.）.

5. Расставьте по порядку.

排序题。

（1）Расположите цвета по порядку в световом спектре.

把下列光色按照光谱顺序进行排列。

④⑤②③①⑥⑦

（2）Расположите виды электромагнитных волн в порядке уменьшения их длины.

依照波长由长到短的顺序将下列词组进行排序。

④③①⑥⑤②

7. Составьте предложения по модели.

仿照示例造句。

（1）Область пространства, куда не попадает свет от источника—это тень.

Тенью является область пространства, куда не попадает свет от источника.

（2）Область пространства, куда частично попадает свет от источника—это полутень.

Полутенью является область пространства, куда частично попадает свет от источника.

（3）Тень от точечного источника света—это чёткая тень предмета.

Чёткой тенью предмета является тень от точечного источника света.

（4）Тень от неточечного источника света—это размытая тень предмета.

Размытой тенью предмета является тень от неточечного источника света.

(5) Образование тени при падении света на непрозрачный предмет—это солнечное и лунное затмения.

Солнечным и лунным затмением является образование тени при падении света на непрозрачный предмет.

9. Найдите в тексте глаголы, от которых образованы существительные. Запишите их вместе со словами, с которыми они употребляются.
在课文中找出下列名词的动词形式，并写出含有该动词的词组。

(1) рассмотрение—рассматривать свет (В. п.).

(2) происхождение—происходит излучение (И. п.).

(3) взаимодействие—взаимодействовать с атомами (Т. п.).

(4) определение—определить по формуле (Д. п.).

(5) объяснение—объяснять явление (В. п.).

(6) проявление—проявлять свойства (В. п.).

(7) обладание—обладать зарядом и массой (Т. п.).

10. Найдите в тексте существительные, образованные от глаголов. Запишите их вместе со словами, с которыми они употребляются.
在课文中找出下列动词的名词形式，并写出含有该名词的词组。

(1) двигаться—движение тел (Р. п.).

(2) излучать—излучение любое (И. п.).

(3) представлять—представление о свете (П. п.).

(4) развивать—развитие механики (Р. п.).

(5) использовать—использование представлений (Р. п.).

(6) являться—явление фотоэффекта (Р. п.).

(7) построить—построение изображений (Р. п.).

(8) распространять—распространение света (Р. п.).

Урок 6   Термодинамика
第 6 课   热力学

2. Составьте предложения из слов и словосочетаний текста.
用课文中的单词和词组完成下列句子。

(1) Термодинамика—это раздел физики, в котором изучаются процессы изменения и превращения внутренней энергии тел, а также способы использования внутренней энергии тел в двигателях.

(2) Макроскопические системы—это системы, состоящие из очень большого числа частиц.

(3) Термодинамическая система—это макроскопическое тело, заключённое в некотором ограниченном пространстве.

(4) Изолированные термодинамические системы—это термодинамические системы, которые не обмениваются с окружающей средой ни веществом, ни энергией.

(5) Закрытые термодинамические системы—это термодинамические системы обмениваются с окружающей средой энергией.

(6) Открытые термодинамические системы—это термодинамические системы обмениваются с окружающей средой и энергией, и веществом.

4. Заполните таблицу. Прочитайте.

将下表补充完整。读一读。

Параметры	Обозначение	Формула	Единица измерения
температура	T	$T = P \cdot v / R$	К
давление	P	$P = \dfrac{F}{S}$	Па
плотность	ρ	$\rho = \dfrac{m}{V}$	кг/м^3
удельный объём	v	$V = \dfrac{1}{\rho} = \dfrac{V}{m}$	м^3/кг

6. Заполните таблицу, используя информацию текста. Прочитайте.

根据课文中的信息完成下表。读一读。

Температурная шкала	Единица измерения	Температура таяния льда	Температура испарения воды
в Европе	℃ (градус Цельсия)	0	100
в Америке	℉ (градус Фаренгейта)	32	212
в термодинамике	К (кельвин)	273	373

10. Составьте предложения из слов и словосочетаний текста.

用课文中的单词或词组完成下列句子。

(1) Самым важным законом термодинамики является первый закон.

(2) Изменить температуру тела можно двумя способами: совершая работу или осуществляя теплообмен.

(3) В любой изолированной системе запас энергии остаётся постоянным.

(4) Если работа совершается без внешнего притока энергии, она может совершаться лишь за счёт внутренней энергии системы.

11. Найдите в тексте существительные, образованные от глаголов. Запишите их вместе со словами, с которыми они употребляются.

在课文中找出下列动词的名词形式,并写出含有该名词的词组。

(1) изменить — изменение энергии (Р. п.).

(2) совершать — совершение работы (Р. п.).

(3) выражать — выражение закона (Р. п.).

(4) записать — запись закона (Р. п.).

(5) затратить — затрата энергии (Р. п.).

Урок 7　Электростатика
第 7 课　静电学

2. Найдите в тексте существительные, образованные от глаголов. Запишите их вместе со словами, с которыми они употребляются.

在课文中找出下列动词的名词形式，并写出含有该名词的词组。

(1) взаимодействовать—взаимодействие зарядов (Р. п.).

(2) тереть—трение стекла (Р. п.) о кожу (В. п.).

(3) отталкивать—отталкивание частиц (Р. п.).

(4) притягивать—притяжение частиц (Р. п.).

4. Вставьте в предложения потому что или поэтому.

用 потому что 或 поэтому 填空。

(1) поэтому

(2) потому что

(3) поэтому

(4) потому что

(5) поэтому

(6) потому что

6. Найдите в тексте существительные, образованные от глаголов. Запишите их вместе со словами, с которыми они употребляются.

在课文中找出下列动词的名词形式，并写出含有该名词的词组。

(1) влиять—влияние со стороны тел (Р. п.).

(2) взаимодействовать—взаимодействие с полем (Т. п.).

(3) тереть—трение тел (Р. п.).

(4) притягивать—притяжение тел (Р. п.).

(5) расчёсывать—расчёсывание волос (Р. п.).

(6) приближать—приближение к бумаге (Д. п.).

(7) смещать—смещение частиц (Р. п.).

8. Найдите в тексте глаголы, от которых могут быть образованы существительные. Запишите их вместе со словами, с которыми они употребляются.

在课文中找出下列名词的动词形式，并写出含有该动词的词组。

(1) создание—создавать заряды (В. п.).

(2) перераспределение—перераспределять заряды (В. п.).

(3) получение—получить заряд (В. п.).

(4) сохранение—сохранить заряд (В. п.).

(5) превращение—превратиться в частицы (В. п.).

(6) обладание—обладать зарядом (Т. п.).

Раздел 4   Язык химии
第4章　化学篇

Урок 1   Классификация химических элементов
第1课　化学元素的分类

2. Выпишите из таблиц 4.1(А) и 4.1(Б) по 4 примера слов мужского, женского и среднего рода. Измените их по падежам.

从表 4.1(А) 和表 4.1(Б) 中第一列分别找出 4 个阳性、阴性、中性名词并变格。

Род	Слова	И. п.	Р. п.	Д. п.	В. п.	Т. п.	П. п.
М. р.	бром	бром	брома	брому	бром	бромом	о броме
	йод	йод	йода	йоду	йод	йодом	о йоде
	калий	калий	калия	калию	калий	калием	о калии
	никель	никель	никеля	никелю	никель	никелем	о никеле
Ж. р.	платина	платина	платины	платине	платину	платиной	о платине
	медь	медь	меди	меди	медь	медью	о меди
	ртуть	ртуть	ртути	ртути	ртуть	ртутью	о ртути
	сера	сера	серы	сере	серу	серой	о сере
Ср. р.	железо	железо	железа	железу	железо	железом	о железе
	золото	золото	золота	золоту	золото	золотом	о золоте
	олово	олово	олова	олову	олово	оловом	об олове
	серебро	серебро	серебра	серебру	серебро	серебром	о серебре

3. (а) Напишите названия химических элементов. Прочитайте.

写出下列化学元素符号的名称，读一读。

Al	алюминий	K	калий
B	бор	Li	литий
Br	бром	Mg	магний
Ca	кальций	Mn	марганец
Cl	хлор	N	азот
C	углерод	Na	натрий
Fe	железо	P	фосфор
I	йод	S	сера
Ni	никель	Hg	ртуть
Co	кобальт	Ag	серебро
He	гелий	Be	бериллий

（6）Со словами из таблицы составьте предложения по модели.
仿照示例用表格中的单词进行问答。

B—Этот элемент называется "бор".
Br—Этот элемент называется "бром".
Ca—Этот элемент называется "кальций".
Cl—Этот элемент называется "хлор".
C—Этот элемент называется "углерод".
Fe—Этот элемент называется "железо".
I—Этот элемент называется "йод".
Ni—Этот элемент называется "никель".
Co—Этот элемент называется "кобальт".
He—Этот элемент называется "гелий".
K—Этот элемент называется "калий".
Li—Этот элемент называется "литий".
Mg—Этот элемент называется "магний".
Mn—Этот элемент называется "марганец".
N—Этот элемент называется "азот".
Na—Этот элемент называется "натрий".
P—Этот элемент называется "фосфор".
S—Этот элемент называется "сера".
Hg—Этот элемент называется "ртуть".
Ag—Этот элемент называется "серебро".
Be—Этот элемент называется "бериллий".

4.（a） Напишите символы к названиям элементов. Прочитайте.
根据下列元素名称写出其对应的元素符号，读一读。

серебро	Ag	железо	Fe
золото	Au	водород	H
бром	Br	ртуть	Hg
углерод	C	магний	Mg
кальций	Ca	марганец	Mn
хлор	Cl	кремний	Si
медь	Cu	мышьяк	As
фтор	F	цинк	Zn
кислород	O	фосфор	P
азот	N	селен	Se
уран	U	титан	Ti
олово	Sn	радий	Ra

（б） Со словами из таблицы составьте словосочетания по модели.
仿照示例组词组。

Ag[аргентум]—символ серебра.

Au [аурум] — символ золота.

Br [бром] — символ брома.

C [цэ] — символ углерода.

Ca [кальций] — символ кальция.

Cl [хлор] — символ хлора.

Cu [купрум] — символ меди.

F [фтор] — символ фтора.

O [о] — символ кислорода.

N [эн] — символ азота.

U [уран] — символ урана.

Sn [станнум] — символ олова.

Fe [феррум] — символ железа.

H [аш] — символ водорода.

Hg [гидраргирум] — символ ртути.

Mg [магний] — символ магния.

Mn [марганец] — символ марганца.

Si [силициум] — символ кремния.

As [арсеникум] — символ мышьяка.

Zn [цинк] — символ цинка.

P [пэ] — символ фосфора

Se [селен] — символ селена.

Ti [титан] — символ титана.

Ra [радий] — символ радия.

6. Составьте предложения с глаголом обозначать по модели.
仿照示例用 **обозначать** 造句。

Символ Au [аурум] обозначает химический элемент "золото".

Символ B [бор] обозначает химический элемент "бор".

Символ Ca [кальций] обозначает химический элемент "кальций".

Символ Co [кобальт] обозначает химический элемент "кобальт".

Символ Fe [феррум] обозначает химический элемент "железо".

Символ Ni [никель] обозначает химический элемент "никель".

Символ Pt [платина] обозначает химический элемент "платина".

Символ Sn [станнум] обозначает химический элемент "олово".

Символ N [эн] обозначает химический элемент "азот".

Символ H [аш] обозначает химический элемент "водород".

Символ O [о] обозначает химический элемент "кислород".

Символ Si [силициум] обозначает химический элемент "кремний".

Символ Cu [купрум] обозначает химический элемент "медь".

Символ As [арсеникум] обозначает химический элемент "мышьяк".

Символ Pb [плюмбум] обозначает химический элемент "свинец".

Символ S [эс] обозначает химический элемент "сера".

Символ Sb [стибиум] обозначает химический элемент "сурьма".

Символ C [цэ] обозначает химический элемент "углерод".

Символ P［пэ］обозначает химический элемент "фосфор".

8. С глаголами разместить и размещаться составьте предложения по модели.

按照示例用 **разместить** 和 **размещаться** 造句。

Химический элемент Ca［кальций］разместили в 4 периоде и в II группе. Химический элемент Ca［кальций］размещается в 4 периоде и в II группе.

Химический элемент B［бор］разместили во 2 периоде и в III группе. Химический элемент B［бор］размещается во 2 периоде и в III группе.

Химический элемент K［калий］разместили в 4 периоде и в I группе. Химический элемент K［калий］размещается в 4 периоде и в I группе.

Химический элемент Mg［магний］разместили в 3 периоде и в II группе. Химический элемент Mg［магний］размещается в 3 периоде и в II группе.

Химический элемент N［эн］разместили во 2 периоде и в V группе. Химический элемент N［эн］размещается во 2 периоде и в V группе.

Химический элемент P［пэ］разместили в 3 периоде и в V группе. Химический элемент P［пэ］размещается в 3 периоде и в V группе.

Химический элемент S［эс］разместили в 3 периоде и в VI группе. Химический элемент S［эс］размещается в 3 периоде и в VI группе.

Урок 2　Химические вещества
第2课　化学物质

2. Составьте предложения по модели.

仿照示例造句。

（1）В природе существуют твёрдые, жидкие и газообразные вещества. — В природе вещества могут быть твёрдыми, жидкими и газообразными. В природе вещества бывают твёрдыми, жидкими и газообразными.

（2）Существует твёрдое, жидкое и газообразное топливо. — Топливо может быть твёрдым, жидким и газообразным. Топливо бывает твёрдым, жидким и газообразным.

（3）Существует механическое движение двух видов: равномерное и неравномерное. — Механическое движение может быть равномерным и неравномерным. Механическое движение бывает равномерным и неравномерным.

（4）Существует механическое движение двух видов: прямолинейное и криволинейное. — Механическое движение может быть прямолинейным и криволинейным. Механическое движение бывает прямолинейным и криволинейным.

（5）Существует электрическая, механическая и тепловая энергия. — Энергия может быть электрической, механической и тепловой. Энергия бывает электрической, механической и тепловой.

3. Скажите, по какому признаку классифицируют объекты.

请说说以下物质是按什么特征进行分类的。

（1）В　（2）А　（3）Б　（4）Г　（5）Д

4. Запишите форму творительного падежа слов.

写出下列单词的第五格形式。

веществом, газом, видом, металлом, жидкостью, ковкостью, теплопроводностью, электропроводностью, химией, частицей, молекулой, физикой

5. Напишите предложения со словом "являться".

请用"являться"改写下列句子。

（1）Хлор является газом.

（2）Мел является твёрдым веществом.

（3）Вода является жидкостью.

（4）Сера является простым веществом.

（5）Серная кислота является сложным веществом.

（6）Железо является металлом.

（7）Фосфор является неметаллом.

（8）Оксиды, гидроксиды, кислоты и соли являются сложными веществами.

（9）Железо и фосфор являются твёрдыми веществами.

（10）Уголь является твёрдым веществом.

（11）Нефть является жидкостью.

6. Закончите предложения, используя названия групп веществ: простые вещества—сложные вещества; металлы—неметаллы; твёрдые вещества—жидкости—газы.

按照题目中的物质分类续写句子。

（1）Вода является сложным веществом, неметаллом, жидкостью.

（2）Водород является простым веществом, неметаллом, газом.

（3）Мел является сложным веществом, неметаллом, твёрдым веществом.

（4）Ртуть является простым веществом, металлом, жидкостью.

（5）Сера является простым веществом, неметаллом, твёрдым веществом.

（6）Гелий является простым веществом, неметаллом, газом.

7. Составьте предложения из слов.

连词成句。

（1）Сера является простым веществом. Сера—простое вещество.

（2）Сложные вещества—это вода и мел. Вода и мел являются сложными веществами.

（3）Серная кислота является жидким веществом. Серная кислота—жидкое вещество.

（4）Уголь—твёрдое вещество; а нефть—жидкое вещество. Уголь является твёрдым веществом; а нефть—жидким веществом.

（5）Все металлы—твёрдые вещества. Все металлы являются твёрдыми веществами.

（6）Механическое движение—самый простой вид движения. Механическое движение является самым простым видом движения.

8. Используя слова из двух колонок, составьте предложения со словом "являться" по модели.

按照示例用左右两列中的单词或词组造句。

Яблоко является фруктом.

Золото является металлом.

Серная кислота является сложным веществом.

Металл является твёрдым веществом.

Гелий является газом.

Механическое движение является простым видом движения.

Нефть является жидким веществом.

10. Выберите предложения, которые наиболее точно отвечают на вопросы.

选出下列问题的正确答案。

(1)(в)　(2)(в)　(3)(в)　(4)(б)

12. Составьте предложения по модели.

按照示例造句。

Ag [аргентум]—это символ серебра.

Hg [гидраргирум]—это символ ртути.

Al [алюминий]—это символ алюминия.

I [йод]—это символ йода.

Ar [аргон]—это символ аргона.

K [калий]—это символ калия.

Au [аурум]—это символ золота.

Mg [магний]—это символ магния.

As [арсеникум]—это символ мышьяка.

Mn [марганец]—это символ марганца.

Ba [барий]—это символ бария.

Mo [молибден]—это символ молибдена.

Be [бериллий]—это символ бериллия.

Na [натрий]—это символ натрия.

Bi [висмут]—это символ висмута.

Ni [никель]—это символ никеля.

B [бор]—это символ бора.

N [эн]—это символ азота.

Br [бром]—это символ брома.

O [о]—это символ кислорода.

Cd [кадмий]—это символ кадмия.

P [пэ]—это символ фосфора.

Ca [кальций]—это символ кальция.

Pt [платина]—это символ платины.

C [цэ]—это символ углерода.

Ra [радий]—это символ радия.

Cl [хлор]—это символ хлора.

Se [селен]—это символ селена.

Cr [хром]—это символ хрома.

Si [силициум]—это символ кремния.

Co [кобальт]—это символ кобальта.

Sr [стронций]—это символ стронция.

Cu [купрум]—это символ меди.

S [эс]—это символ серы.

F [эф]—это символ фтора.

Sn [станнум]—это символ олова.

Fe [феррум]—это символ железа.

Ti [титан]—это символ титана.

U [уран] — это символ урана.

He [гелий] — это символ гелия.

C_2H_5OH [цэ два аш пять о аш] — это формула этилового спирта (этанола).

H_2CO_3 [аш два цэ о три] — это формула угольной кислоты.

O_3 [о три] — это формула озона.

N_2 [эн два] — это формула азота.

$C_{12}H_{22}O_{11}$ — [цэ двенадцать аш двадцать два о одиннадцать] — это формула сахара.

Cl_2 [хлор два] — это формула хлора.

NaCl [натрий хлор] — это формула хлорида натрия (поваренной соли).

$CaCO_3$ [кальций цэ о три] — это формула карбоната кальция (мела).

HCl [аш хлор] — это формула соляной кислоты.

S_8 [эс восемь] — это формула серы.

H_2O [аш два о] — это формула воды.

Урок 3   Строение вещества
第 3 课   物质结构

1. Составьте и запишите словосочетания по модели.

按照示例组词组。

（А）

молекула озона

молекула воды

молекула метана

молекула аммиака

молекула соляной кислоты

молекула йода

молекула брома

молекула азота

молекула серы

молекула хлора

молекула фосфора

молекула этанола

молекула фтора

молекула кислорода

（Б）

атомы водорода

атомы кислорода

атомы углерода

атомы серы

атомы алюминия

атомы хлора

атомы фосфора

атомы азота

атомы железа

атомы натрия

атомы серебра

атомы кальция

атомы ртути

атомы золота

атомы кремния

3. Составьте предложения по модели.

按照示例造句。

(1) C_2H_5OH (этанол) — это сложное вещество, так как молекула этанола состоит из атомов углерода, водорода и кислорода.

(2) H_2CO_3 (угольная кислота) — это сложное вещество, так как молекула угольной кислоты состоит из атомов водорода, углерода и кислорода.

(3) O_3 (озон) — это простое вещество, так как молекула озона состоит из атомов кислорода.

(4) N_2 (азот) — это простое вещество, так как молекула азота состоит из атомов азота.

(5) $C_{12}H_{22}O_{11}$ (сахар) — это сложное вещество, так как молекула сахара состоит из атомов углерода, водорода и кислорода.

(6) Fe (железо) — это простое вещество, так как молекула железа состоит из атомов железа.

(7) Cl_2 (хлор) — это простое вещество, так как молекула хлора состоит из атомов хлора.

(8) NaCl (хлорид натрия) — это сложное вещество, так как молекула хлорида натрия состоит из атомов натрия и хлора.

(9) $CaCO_3$ (карбонат кальция) — это сложное вещество, так как молекула карбоаната кальция состоит из атомов кальция, углерода и кислорода.

(10) Ag (серебро) — это простое вещество, так как молекула серебра состоит из атомов серебра.

(11) HCl (соляная кислота) — это сложное вещество, так как молекула соляной кислоты состоит из атомов водорода и хлора.

(12) S_8 (сера) — это простое вещество, так как молекула серы состоит из атомов серы.

(13) H_2O (вода) — это сложное вещество, так как молекула воды состоит из атомов водорода и кислорода.

(14) O_2 (кислород) — это простое вещество, так как молекула кислорода состоит из атомов кислорода.

(15) H_2SO_4 (серная кислота) — это сложное вещество, так как молекула серной кислоты состоит из атомов водорода, серы и кислорода.

7. Прочитайте формулы веществ и их состав и составьте предложения по модели.

读下列物质的分子式和组成，并按照示例造句。

HCl — молекула соляной кислоты состоит из одного атома водорода и одного атома хлора.

NaOH — молекула гидроксида натрия (крист.) состоит из одного атома натрия, одного атома кислорода и одного атома водорода.

$CoSO_4$ — молекула сульфата кобальта состоит из одного атома кобальта, одного атома серы и четырёх атомов кислорода.

Na_2CO_3 — молекула карбоната натрия (крист.) (пищевой соды) состоит из двух атомов натрия, одного атома углерода и трёх атомов кислорода.

CO_2 —молекула углекислого газа состоит из одного атома углерода и двух атомов кислорода.

KNO_3 —молекула нитрата калия состоит из одного атома калия, одного атома азота и трёх атомов кислорода.

$KMnO_4$ —молекула марганцовки состоит из одного атома калия, одного атома марганца и четырёх атомов кислорода.

$MgCl_2$ —молекула хлорида магния состоит из одного атома магния и двух атомов хлора.

HNO_3 —молекула азотной кислоты состоит из одного атома водорода, одного атома азота и трёх атомов кислорода.

$Hg(NO_3)_2$ —молекула нитрата ртути состоит из одного атома ртути, двух атомов азота и шести атомов кислорода.

$Cu(NO_3)_2$ —молекула нитрата меди состоит из одного атома меди, двух атомов азота и шести атомов кислорода.

K_2SO_4 —молекула сульфата калия состоит из двух атомов калия, одного атома серы и четырёх атомов кислорода.

H_2SO_4 —молекула серной кислоты состоит из двух атомов водорода, одного атома серы и четырёх атомов кислорода.

$Al_2(SO_4)_3$ —молекула сульфата алюминия состоит из двух атомов алюминия, трёх атомов серы и двенадцати атомов кислорода.

KCl —молекула хлорида калия состоит из одного атома калия и одного атома хлора.

$ZnSO_4$ —молекула сульфата цинка состоит из одного атома цинка, одного атома серы и четырёх атомов кислорода.

$Mn(OH)_2$ —молекула гидроксида марганца состоит из двух атомов марганца, двух атомов кислорода и двух атомов водорода.

$MnCl_2$ —молекула хлорида марганца состоит из одного атома марганца и двух атомов хлора.

SO_2 —молекула оксида серы состоит из одного атома серы и двух атомов кислорода.

KOH —молекула гидроксида калия состоит из одного атома калия, одного атома кислорода и одного атома водорода.

$FeSO_4$ —молекула сульфата железа состоит из одного атома железа, одного атома серы и четырёх атомов кислорода.

$Fe(OH)_3$ —молекула гидроксида железа состоит из одного атома железа, трёх атомов кислорода и трёх атомов водорода.

$Ca(NO_2)_2$ —молекула нитрата кальция состоит из одного атома кальция, двух атомов азота и четырёх атомов кислорода.

$CaSO_4$ —молекула сульфата кальция состоит из одного атома кальция, одного атома серы и четырёх атомов кислорода.

Al_2O_3 —молекула оксида алюминия состоит из двух атомов алюминия и трёх атомов кислорода.

Урок 4 Свойства вещества
第4课 物质特性

5. Отвечайте на вопросы, используя существительные данных групп.
用下列各组名词回答问题。

（1）Деталь сделана из металла. Деталь сделана из сплава. Деталь сделана из пластика. Деталь сделана из углепластика. Деталь сделана из шёлка. Деталь сделана из бетона. Деталь сделана из картона. Деталь сделана из цинка. Деталь сделана из алюминия. Деталь сделана из кремния. Деталь сделана из магния.

（2）Деталь сделана из железа. Деталь сделана из золота. Деталь сделана из стекла. Деталь сделана из серебра. Деталь сделана из олова. Деталь сделана из дерева.

（3）Деталь сделана из бумаги. Деталь сделана из пластмассы. Деталь сделана из керамики. Деталь сделана из платины. Деталь сделана из кожи. Деталь сделана из бронзы. Деталь сделана из резины. Деталь сделана из стали. Деталь сделана из меди.

6. Образуйте и запишите слова от прилагательных. Образуйте и запишите форму творительного падежа.

按照示例根据形容词构成名词，并将其变成第五格形式。

прочный	прочность	прочностью
точный	точность	точностью
устойчивый	устойчивость	устойчивостью
пластичный	пластичность	пластичностью

7. Передайте информацию предложений другим способом по модели.

按照示例改写下列句子。

（1）Материалы устойчивые.

（2）Металл пластичный.

（3）Стекло прозрачное.

（4）Весы точные.

8. Запишите предложения по модели.

按照示例改写句子。

（1）Машина надёжная.

（2）Углепластик устойчивый.

（3）Алмаз твёрдый.

（4）Тело рыб обтекаемое.

（5）Медь пластичная.

9. Напишите предложения, антонимичные данным.

按照示例写出同下列句子意思相反的句子。

（1）В питьевой воде нет хлора.

（2）В этой пластмассе нет углерода.

（3）В этом сплаве нет серы.

（4）В лаборатории нет вытяжного шкафа.

（5）В этом задании нет трудного предложения.

Урок 5　Химические реакции: процессы и явления
第5课　化学反应：过程与现象

4. Найдите уравнения, соответствующие химическим реакциям.

找出同化学反应相吻合的方程式。

（А）（1）　（Б）（4）　（В）（3）　（Г）（8）　（Д）（2）　（Е）（6）　（Ж）（7）　（З）（5）

7. Заполните таблицу.
将下表补充完整。

Глагол	Существительное -ение/ление	Какой процесс?	Перевод
Вода кипит	кипение	кипение воды	水沸腾
Металлы плавятся	плавление	плавление металлов	金属熔化
Тело вращается	вращение	вращение тела	物体旋转
Тело падает	падение	падение тела	物体下落
Тело движется	движение	движение тела	物体运动
Тело разрушается	разрушение	разрушение тела	物体破坏
Форма тела изменяется	изменение	изменение формы тела	物体形状变化
Скорость тела уменьшается	уменьшение	уменьшение скорости тела	降低物体速度
Давление увеличивается	увеличение	увеличение давления	增大压强
Вода превращается в пар	превращение	превращение воды в пар	水转化为蒸汽
Сахар растворяется в воде	растворение	растворение сахара в воде	糖溶解于水
Жидкость испаряется	испарение	испарение жидкости	液体蒸发
Жидкость охлаждается	охлаждение	охлаждение жидкости	液体冷却
Хлор соединяется с водородом	соединение	соединение хлора с водородом	氢氯化合

8. Заполните таблицу.
将下表补充完整。

Алюминий плавится при температуре 660 градусов.	плавление алюминия	Говорится о плавлении алюминия при температуре 660 градусов.
Вода превращается в лёд при температуре 0 градусов.	превращение воды	Говорится о превращении воды в лёд при температуре 0 градусов.
Ртуть превращается в твёрдое вещество при температуре—39 градусов.	превращение ртути	Говорится о превращении ртути в твёрдое вещество при температуре—39 градусов.
Земля движется по орбите вокруг Солнца.	движение Земли	Говорится о движении Земли по орбите вокруг Солнца.
Скорость тела уменьшается.	уменьшение скорости тела	Говорится об уменьшении скорости тела.
Состав вещества изменяется.	изменение состава вещества	Говорится об изменении состава вещества.
Объём тела увеличивается.	увеличение объёма тела	Говорится об увеличении объёма тела.

9. Заполните таблицу.
将下表补充完整。

При каком условии металл плавится?	Если металл нагревается, он плавится.	При нагревании металл плавится. (Металл плавится при нагревании.)
При каком условии вода превращается в лёд?	Когда температура 0 градусов, вода превращается в лёд.	При температуре 0 градусов вода превращается в лёд. (Вода превращается в лёд при температуре 0 градусов.)
При каком условии объём вещества изменяется?	Когда вещество плавится, его объём изменяется.	При плавлении объём вещества изменяется.
При каком условии скорость молекулы повышается?	Если жидкость нагревается, скорость молекулы повышается.	При нагревании скорость молекулы повышается.
При каком условии скорость молекулы уменьшается?	Если жидкость охлаждается, скорость молекулы уменьшается.	При охлаждении скорость молекулы уменьшается.
При каком условии растворимость вещества увеличивается?	Когда температура повышается, растворимость вещества увеличивается.	При повышении темепературы растворимость вещества увеличивается.

11. Прочитайте описание процессов. Укажите причину и результат.
读下列化学反应过程,并指出发生的原因和结果。

(1) причина — это плавление, результат — это изменение объёма вещества.
(2) причина — это нагревание, результат — это повышение скорости молекул.
(3) причина — это повышение температуры, результат — это увеличение растворимости веществ.
(4) причина — это движение, результат — это испарение жидкости.
(5) причина — это коррозия, результат — это ухудшение технических свойств металлов.

12. Прочитайте текст, от глаголов образуйте существительные и запишите их.
读课文,写出由括号中的动词构成的名词。

освобождение, образование, расширении, освобождения

Список литературы
参 考 文 献

[1] ВОЛОСЮК Г Ф, МОЛОФЕЕВ В М. Физика：учеб. -метод. пособие[D]. Минск：БГУ, 2013.

[2] МАНУЙЛОВ А В, РОДИОНОВ В И. Основы химии для детей и взрослых[M]. Москва：Изд-во "Центрполиграф", 2014.

[3] СМОЛЯКОВА Н С. Дважды два четыре. Учебное пособие по русскому языку как иностранному[M]. Томск：Изд-во Томского политехнического университета, 2010.